Learning Graph Neural Network

深入浅出
图神经网络

GNN原理解析

刘忠雨 李彦霖 周洋 著

机械工业出版社
China Machine Press

图书在版编目（CIP）数据

深入浅出图神经网络：GNN 原理解析 / 刘忠雨，李彦霖，周洋著 . —北京：机械工业出版社，2020.1（2025.1 重印）
（智能系统与技术丛书）

ISBN 978-7-111-64363-0

Ⅰ. 深… Ⅱ.①刘… ②李… ③周… Ⅲ. 人工神经网络 – 研究 Ⅳ. TP183

中国版本图书馆 CIP 数据核字（2019）第 279786 号

深入浅出图神经网络：GNN 原理解析

出版发行：机械工业出版社（北京市西城区百万庄大街 22 号 邮政编码：100037）
责任编辑：杨福川 责任校对：殷　虹
印　　刷：北京捷迅佳彩印刷有限公司 版　　次：2025 年 1 月第 1 版第 11 次印刷
开　　本：186mm×240mm　1/16 印　　张：14
书　　号：ISBN 978-7-111-64363-0 定　　价：89.00 元

客服电话：（010）88361066　68326294

为何写作本书

近年来，作为一项新兴的图数据学习技术，图神经网络（GNN）受到了非常广泛的关注。2018年年末，发生了一件十分有趣的事情，该领域同时发表了三篇综述类型论文，这种"不约而同"体现了学术界对该项技术的认可。事实上，在2019年的各大顶级学术会议上，与图神经网络有关的论文也占据了相当可观的份额。相信在未来几年，这种流行的趋势会只增不减。

图神经网络技术的出现有其必然性和重要性。在深度神经网络技术兴起的前几年，图像、语音、文本等形式的数据都能在深度学习中被很好地应用，并获得了十分好的效果。这促使大量的相关应用进入了实用阶段，如人脸识别、语音助手、机器翻译等。尽管如此，深度学习一直无法很好地对另一类形式的数据——图数据（或称网络数据）进行有效的适配。作为一类主要用来描述关系的通用数据表示方法，图数据在产业界有着更加广阔的应用场景，在诸如社交网络、电子购物、物联网、生物制药等场景中，都可以找到图数据的影子。将深度学习技术的成功经验迁移到图数据的学习中来，是一种十分自然且必要的需求。

在这样的背景下，图神经网络的出现很好地填补了上述技术空白，实现了图数据与深度学习技术的有效结合，使得深度学习能够在图数据的相关应用场景中继续攻城略地。事实上，纵观这三年，图神经网络技术的相关应用和研究已经拓展到了极其广泛的领域，从视觉推理到开放的阅读理解问题，从药物分子的研发到5G芯片的设计，从交通流量预测到 3D 点云数据的学习，该项技术都展示出了极其重要且极具渗透性的应用能力，这种能力必将给产业界带来极高的应用价值。

笔者所在公司极验在业务风控的应用场景中，长期奋战在网络攻防对抗的前线，在这样的背景下，不管是主动还是被动，都促使我们不断努力提升数据分析与数据建模的能力，一直以来，我们都期望有一套端对端的模型来高效学习数据中的关系或结构化信息。极验在 2017 年年中与图神经网络技术结缘，正好提供了这样的契机，在对该项技术进行多番论证并上线到极验的实际业务中后，取得了超出预期的效果，这极大提升了我们对该项技术的热情。同时，为了更好地对这项新技术进行讨论和学习，我们组织了相应的学习社群，大家都表现出了高昂的热情，这份热情激励笔者将更多精力投入到该项技术上，也正因如此，写一本关于图神经网络的书籍的想法应运而生。期望通过本书，让读者朋友对该项技术的来龙去脉有更清晰、全面的认识。如果能产生更大的知识分享成果，那么本书的价值就更高了，这将是对我们的最好回报。

本书读者对象

▲ 想学习并初步实践图神经网络技术的读者
▲ 想较系统且深入理解图神经网络技术的读者

本书主要内容

本书分为三大部分：

第一部分为基础篇，包括第 1 ~ 4 章，其中第 1 章由笔者撰写，第 2 ~ 4 章由李彦霖撰写。主要介绍学习图神经网络所需的基础知识，包括图的基本概念、卷积神经网络以及表示学习，帮助初学者更加清晰地认识到图神经网络技术与深度学习技术是一脉相承的。

第二部分为高级篇，包括第 5 ~ 9 章。这部分是本书的重点，主要讲解图卷积神经网络的理论基础和性质、图神经网络的各种变体和框架范式、图分类以及基于 GNN 的图表示学习。该部分的各章节都有相关的实践案例，为读者规划了完整的从理论到实践的学习路线，帮助读者系统全面地学习图神经网络。这部分有两位作者，理论部分由笔者撰写，实践案例的代码由李彦霖提供。

第三部分为应用篇，即第 10 章，主要介绍了图神经网络目前的一些应用。图神经网络的应用非常广泛，现实应用场景非常多，但鉴于本书的规划，这里只是略着笔墨，旨在抛砖引玉，让读者对应用场景有一定的认知。这部分由周洋撰写。

最后，每个章节都附有相关的参考文献。

本书特色

本书有如下特色：

（1）详细阐述了图卷积模型的由来，以及什么是频域图卷积和空域图卷积，这是很多初学者学习该技术的第一只"拦路虎"；

（2）集中阐述了图卷积模型的性质，这些性质的解读对读者深入地理解图神经网络技术有着重要的作用；

（3）给出了关键部分的代码，希望能辅助读者清晰理解书中的一些公式里的变量的具体含义。

（4）本书为了帮助读者理解图神经网络的相关概念和技术，提供了很多示意图。

勘误和支持

由于作者的水平有限，编写时间仓促，书中难免会出现一些错误或者不准确的地方，恳请读者批评指正。如果你遇到任何问题，可以访问我们专门为本书创建的技术主页 https://github.com/FighterLYL/GraphNeuralNetwork，我们将尽量为读者提供满意的解答。如果你有更多宝贵的意见，也欢迎发送邮件至邮箱 yfc@hzbook.com，期待能够得到你们的真挚反馈。

致谢

首先要感谢这个开放的时代，深度学习技术的爆发离不开产、学、研的紧密结合，在信息开放、知识分享的大背景下，我们每一个人都是其中的受益者。

感谢笔者所在公司极验科技，对本书的写作提供了大力支持，特别是同事谢永芬，完成了书稿所有章节的初排工作，为其中大量的公式和插图付出了许多精力。

感谢机械工业出版社的编辑杨福川和张锡鹏，在这段时间始终支持我们的写作，他们的耐心和专业引导我们顺利完成了撰写工作。

最后，感谢我的妻子，她理解并支持我这段时间的挑灯写作，家人的关怀是我前进的动力！

刘忠雨

目录
CONTENTS

第 1 章

图 的 概 述

图（Graph）是一个具有广泛含义的对象。在数学中，图是图论的主要研究对象；在计算机工程领域，图是一种常见的数据结构；在数据科学中，图被用来广泛描述各类关系型数据。许多图学习的理论都专注于图数据相关的任务上。

通常，图被用来表示物体与物体之间的关系。这在生活中有着非常多的现实系统与之对应，比如化学分子、通信网络、社交网络等。事实上，任何一个包含二元关系的系统都可以用图来描述。因此，研究并应用图相关的理论，具有重大的现实意义。

本章，我们主要对图相关的概念做一些基础介绍，包括图的基本定义、图在计算机中的存储表示方法与遍历方法、图数据及其常见的应用场景、图数据深度学习的浅述。

1.1 图的基本定义

在数学中，图由顶点（Vertex）以及连接顶点的边（Edge）构成。顶点表示研究的对象，边表示两个对象之间特定的关系。

图可以表示为顶点和边的集合，记为 $G = (V, E)$，其中 V 是顶点集合，E 是边集合。同时，我们设图 G 的顶点数为 N，边数为 M（如无特殊说明，本书中的图均如此表示）。一条连接顶点 $v_i, v_j \in V$ 的边记为（v_i, v_j）或者 e_{ij}。如图 1-1 所示，$V = \{v_1, v_2,$ $v_3, v_4, v_5\}$，$E = \{(v_1, v_2), (v_1, v_3), (v_2, v_4), (v_2, v_3), (v_3, v_4), (v_4, v_5)\}$。

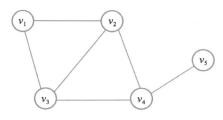

图 1-1　图 G 的定义

1.1.1　图的基本类型

1. 有向图和无向图

如果图中的边存在方向性，则称这样的边为有向边 $e_{ij} = <v_i, v_j>$，其中 v_i 是这条有向边的起点，v_j 是这条有向边的终点，包含有向边的图称为有向图，如图 1-2 所示。与有向图相对应的是无向图，无向图中的边都是无向边，我们可以认为无向边是对称的，同时包含两个方向：$e_{ij} = <v_i, v_j> = <v_j, v_i> = e_{ji}$。

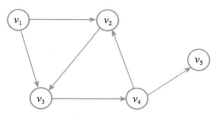

图 1-2　有向图

2. 非加权图与加权图

如果图里的每条边都有一个实数与之对应，我们称这样的图为加权图，如图 1-3 所示，该实数称为对应边上的权重。在实际场景中，权重可以代表两地之间的路程或运输成本。一般情况下，我们习惯把权重抽象成两个顶点之间的连接强度。与之相反的是非加权图，我们可以认为非加权图各边上的权重是一样的。

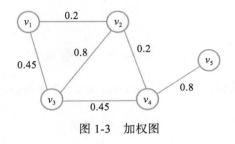

图 1-3　加权图

3. 连通图与非连通图

如果图中存在孤立的顶点，没有任何边与之相连，这样的图被称为非连通图，如图 1-4 所示。相反，不存在孤立顶点的图称为连通图。

4. 二部图

二部图是一类特殊的图。我们将 G 中的顶点集合 V 拆分成两个子集 A 和 B，如果对于图中的任意一条边 e_{ij} 均有 $v_i \in A$，$v_j \in B$ 或者 $v_i \in B$，$v_j \in A$，则称图 G 为二部图，如图 1-5 所示。二部图是一种十分常见的图数据对象，描述了两类对象之间的交互关系，比如：用户与商品、作者与论文。

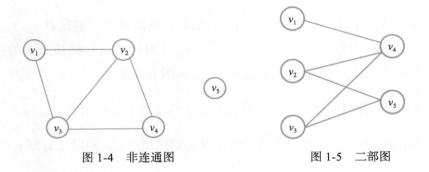

图 1-4　非连通图　　　　　　　图 1-5　二部图

1.1.2　邻居和度

如果存在一条边连接顶点 v_i 和 v_j，则称 v_j 是 v_i 的邻居，反之亦然。我们记 v_i 的所有邻居为集合 $N(v_i)$，即：

$$N(v_i) = \{v_j | \exists e_{ij} \in E \text{ or } e_{ji} \in E\} \tag{1.1}$$

以 v_i 为端点的边的数目称为 v_i 的度（Degree），记为 $\deg(v_i)$：

$$\deg(v_i) = |N(v_i)| \tag{1.2}$$

在图中，所有节点的度之和与边数存在如下关系：

$$\sum_{v_i} \deg(v_i) = 2|E| \tag{1.3}$$

在有向图中，我们同时定义出度（Outdegree）和入度（Indegree），顶点的度数等于该顶点的出度与入度之和。其中，顶点 v_i 的出度是以 v_i 为起点的有向边的数目，顶点 v_i 的入度是以 v_i 为终点的有向边的数目。

1.1.3　子图与路径

若图 $G' = (V', E')$ 的顶点集和边集分别是另一个图 $G = (V, E)$ 的顶点集的子集和边集的子集，即 $V' \subseteq V$，且 $E' \subseteq E$，则称图 G' 是图 G 的子图（Subgraph）。

在图 $G = (V, E)$ 中，若从顶点 v_i 出发，沿着一些边经过一些顶点 $v_{p1}, v_{p2}, \cdots, v_{pm}$，到达顶点 v_j，则称边序列 $P_{ij} = (e_{v_i p_1}, e_{p_2 p_3}, \cdots, e_{p_m v_j})$ 为从顶点 v_i 到顶点 v_j 的一条路径（Path，也可称为通路），其中 $e_{v_i p_1}, e_{p_2 p_3}, \cdots, e_{p_m v_j}$ 为图 G 中的边。

路径的长度：路径中边的数目通常称为路径的长度 $L(P_{ij}) = |P_{ij}|$。

顶点的距离：若存在至少一条路径由顶点 v_i 到达顶点 v_j，则定义 v_i 到 v_j 的距离为：

$$d(v_i, v_j) = \min(|P_{ij}|) \tag{1.4}$$

也即两个顶点之间的距离由它们的最短路径的长度决定。我们设 $d(v_i, v_i) = 0$，节点到自身的距离为 0。

k 阶邻居：若 $d(v_i, v_j) = k$，我们称 v_j 为 v_i 的 k 阶邻居。

k 阶子图（k-subgraph）：我们称一个顶点 v_i 的 k 阶子图为：

$$G_{v_i}^{(k)} = (V', E'), V' = \{v_j | \forall v_j, d(v_i, v_j) \leq k\}, E' = \{e_{ij} | \forall v_j, d(v_i, v_j) \leq k\} \qquad （1.5）$$

有时，我们也称 k 阶子图为 k-hop。图 1-6 中的阴影部分就是顶点 v_1 的 2 阶子图。

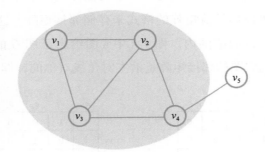

图 1-6　顶点 v_i 的 2 阶子图

1.2　图的存储与遍历

1.2.1　邻接矩阵与关联矩阵

作为一种常见的数据结构，在计算机里图的存储表示方法有很多种，本节只着重介绍邻接矩阵（Adjacency matrix）和关联矩阵（Incidence matrix）这两种方式。

设图 $G = (V, E)$，在这里我们对边重新进行了编号 $e_1, e_2, \cdots, e_M$，如图 1-7 所示。我们用邻接矩阵 A 描述图中顶点之间的关联，$A \in R^{N \times N}$，其定义为：

$$A_{ij} = \begin{cases} 1 \text{ if}(v_i, v_j) \subseteq E \\ 0 \text{ else} \end{cases} \qquad （1.6）$$

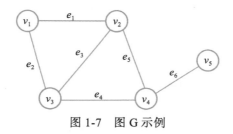

图 1-7   图 G 示例

用邻接矩阵存储图的时候，我们需要一个一维数组表示顶点集合，需要一个二维数组表示邻接矩阵。需要特别说明的是，由于在实际的图数据中，邻接矩阵往往会出现大量的 0 值，因此可以用稀疏矩阵的格式来存储邻接矩阵，这样可以将邻接矩阵的空间复杂度控制在 $O(M)$ 的范围内。图 1-8 中 a 图给出了图 G 的邻接矩阵存储表示，通过该图可以看出，无向图的邻接矩阵是沿主对角线对称的，即 $A_{ij} = A_{ji}$。

	v_1	v_2	v_3	v_4	v_5
v_1	0	1	1	0	0
v_2	1	0	1	1	0
v_3	1	1	0	1	0
v_4	0	1	1	0	1
v_5	0	0	0	1	0

a）邻接矩阵

	e_1	e_2	e_3	e_4	e_5	e_6
v_1	1	1	0	0	0	0
v_2	1	0	1	0	1	0
v_3	0	1	1	1	0	0
v_4	0	0	0	1	1	1
v_5	0	0	0	0	0	1

b）关联矩阵

图 1-8   图 G 的邻接矩阵和关联矩阵

除了邻接矩阵外，我们有时也用关联矩阵 $B \in R^{N \times M}$ 来描述节点与边之间的关联，定义如下：

$$B_{ij} = \begin{cases} 1 \text{ if } v_i \text{ 与 } e_j \text{ 相连} \\ 0 \text{ else} \end{cases} \qquad (1.7)$$

用关联矩阵存储图的时候，我们需要两个一维数组分别表示顶点集合和边集合，需要一个二维数组表示关联矩阵。同样，关联矩阵也可以用稀疏矩阵来存储，这是因为 B 的任意一列仅有两个非 0 值。图 1-8 中 b 图展示了用关联矩阵来存储图的示例。

1.2.2   图的遍历

图的遍历是指从图中的某一顶点出发，按照某种搜索算法沿着图中的边对图中的所有顶点访问一次且仅访问一次。图的遍历主要有两种算法：深度优先搜索（DFS，Depth-First-Search）和广度优先搜索（BFS，Breadth-First-Search）。图的遍历是一种重要的图检索手段，深度优先搜索与广度优先搜索给出了相应的算法基础。

深度优先搜索是一个递归算法，有回退过程。其算法思想是：从图中某一顶点 v_i 开始，由 v_i 出发，访问它的任意一个邻居 w_1；再从 w_1 出发，访问 w_1 的所有邻居中未被访问过的顶点 w_2；然后再从 w_2 出发，依次访问，直到出现某顶点不再有邻居未被访问。接着，回退一步到前一次刚访问过的顶点，看是否还有其他未被访问过的邻居，如果有，则访问该邻居，之后再从该邻居出发，进行与前面类似的访问；如果没有，就再回退一步进行类似访问。重复上述过程，直到该图中所有顶点都被访问过为止。以图 1-7 为例，我们可以得到如下深度优先搜索序列：$v_1 \rightarrow v_2 \rightarrow v_4 \rightarrow v_5 \rightarrow v_3$。

广度优先搜索是一个分层的搜索过程，没有回退过程，其算法思想是：从图中某一顶点 v_i 开始，由 v_i 出发，依次访问 v_i 的所有未被访问过的邻居 $w_1, w_2, \cdots, w_n$；然后再顺序访问 $w_1, w_2, \cdots, w_n$ 的所有还未被访问过的邻居，如此一层层执行下去，直到图中所有顶点都被访问到为止。以图 1-7 为例，我们可以得到如下广度优先搜索序列：$v_1 \rightarrow v_2 \rightarrow v_3 \rightarrow v_4 \rightarrow v_5$。

1.3 图数据的应用场景

我们提到图，更多的是带有一种数学上的理论色彩，在实际的数据场景中，我们通常将图称为网络（Network），与之对应的，图的两个要素（顶点和边）也被称为节点（Node）和关系（Link），比如我们熟知的社交网络、物流网络等概念名词。为了达成统一并与神经网络（Neural Networks）中的"网络"概念区分开来（尽管神经网络也是一种网络），本书将网络数据称为图数据。

图数据是一类比较复杂的数据类型，存在非常多的类别。这里我们介绍其中最重要的 4 类：同构图（Homogeneous Graph）、异构图（Heterogeneous Graph）、属性图（Property Graph）和非显式图（Graph Constructed from Non-relational Data）。

（1）同构图：同构图是指图中的节点类型和关系类型都仅有一种。同构图是实际图数据的一种最简化的情况，如由超链接关系所构成的万维网，这类图数据的信息全部包含在邻接矩阵里。

（2）异构图：与同构图相反，异构图是指图中的节点类型或关系类型多于一种。在现实场景中，我们通常研究的图数据对象是多类型的，对象之间的交互关系也是多样化的。因此，异构图能够更好地贴近现实。

（3）属性图：相较于异构图，属性图给图数据增加了额外的属性信息，如图 1-9 所示。对于一个属性图而言，节点和关系都有标签（Label）和属性（Property），这里的标签是指节点或关系的类型，如某节点的类型为"用户"，属性是节点或关系的附加描述信息，如"用户"节点可以有"姓名""注册时间""注册地址"等属性。属性图是一种最常见的工业级图数据的表示方式，能够广泛适用于多种业务场景下的数据表达。

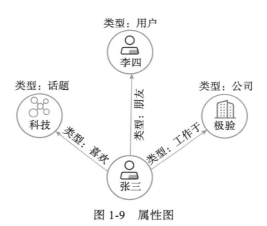

图 1-9　属性图

（4）非显式图：非显式图是指数据之间没有显式地定义出关系，需要依据某种规则或计算方式将数据的关系表达出来，进而将数据当成一种图数据进行研究。比如计算机 3D 视觉中的点云数据，如果我们将节点之间的空间距离转化成关系的话，点云数据就成了图数据。

在我们研究多元化对象系统的时候，图是一种非常重要的视角。在现实世界中，图数据有着十分广泛的应用场景。下面我们举几个例子进行说明，如图 1-10 所示。

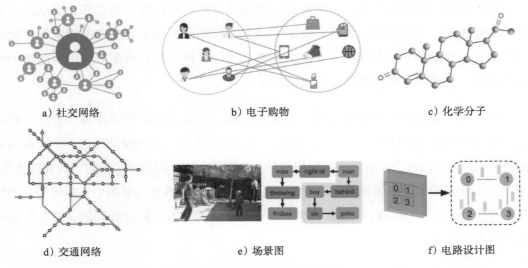

a) 社交网络　　　　　b) 电子购物　　　　　c) 化学分子

d) 交通网络　　　　　e) 场景图　　　　　f) 电路设计图

图 1-10　图数据应用示例 [1, 19]

社交网络：社交网络是十分常见的一类图数据，代表着各种个人或组织之间的社会关系。如图 1-10 的 a 图展示了在线社交网络中的用户关注网络：以用户为节点，用户之间的关注关系作为边。这是一个典型的同构图，一般用来研究用户的重要性排名以及相关的用户推荐等问题。随着移动互联网技术的不断深入，更多元化的媒体对象被补充进社交网络中，比如短文本、视频等，如此构成的异构图可以完成更加多样化的任务。

电子购物：电子购物是互联网中的一类核心业务，在这类场景中，业务数据通常可以用一个用户 – 商品的二部图来描述，在如图 1-10 的 b 图所展示的例子中，节点分为两类：用户和商品，存在的关系有浏览、收藏、购买等。用户与商品之间可以存在多重关系，如既存在收藏关系也存在购买关系。这类复杂的数据场景可以用属性图轻松描述。电子购物催生了一项大家熟知的技术应用——推荐系统。用户与商品之间的交互关系，反映了用户的购物偏好。例如，经典的啤酒与尿布的故事：爱买啤酒的人通常也更爱买尿布。

化学分子：以原子为节点，原子之间的化学键作为边，我们可以将分子视为一种图数据进行研究，分子的基本构成以及内在联系决定了分子的各项理化性质，通常我们用其指导新材料、新药物的研究任务，如图 1-10 的 c 图所示。

交通网络：交通网络具有多种形式，比如地铁网络中将各个站点作为节点，站点之间的连通性作为边构成一张图，如图 1-10 的 d 图所示。通常在交通网络中我们比较关注的是路径规划相关的问题：比如最短路径问题，再如我们将车流量作为网络中节点的属性，去预测未来交通流量的变化情况。

场景图：场景图是图像语义的一种描述方式，它将图像中的物体当作节点，物体之间的相互关系当作边构成一张图。场景图可以将关系复杂的图像简化成一个关系明确的语义图。场景图具有十分强大的应用场景，如图像合成、图像语义检索、视觉推理等。图 1-10 的 e 图所示为由场景图合成相关语义图像的示例，在该场景图中，描述了 5 个对象：两个男人、一个小孩、飞盘、庭院以及他们之间的关系，可以看到场景图具有很强的语义表示能力。

电路设计图：我们可以将电子器件如谐振器作为节点，器件之间的布线作为边将电路设计抽象成一种图数据。在参考文献 [1] 中，对电路设计进行了这样的抽象，如图 1-10 的 f 图所示，然后基于图神经网络技术对电路的电磁特性进行仿真拟合，相较于严格的电磁学公式仿真，可以在可接受的误差范围内极大地加速高频电路的设计工作。

图数据的应用场景远不止这些，还有诸如描述神经网络计算过程的计算图、传感器阵列网络、由各类智能传感器构成的物联网。事实上，如果要找一种最具代表性的数据描述语言与现实数据对应，那么图应该是最具竞争力的候选者。总的来说，图数据的应用跨度大、应用场景多，研究图数据具有广泛且重要的现实意义。

1.4 图数据深度学习

作为一种重要的数据类型，图数据的分析与学习的需求日益凸显，许多图学习（Graph Learning）的理论均专注于图数据相关的任务学习。谱图理论（Spectral Graph Theory）[2] 是将图论与线性代数相结合的理论，基于此理论发展而来的谱聚类相关算法 [3]，可以用来解决图的分割或者节点的聚类问题。统计关系学习（Statistical Relational Learning）[4] 是将关系表示与似然表示相结合的机器学习理论，区别于传统的机器学习算法对数据独立同分布（independent and Identically Distributed，数据对象是同类且独立不相关的）的假设，统计关系学习打破了对数据的上述两种假设，对图数据的学习具有更好的契合度。为了更加贴合实际场景中的异构图数据，异构信息网络（Heterogeneous Information Network）[5] 分析被提出，用以挖掘异构图中更加全面的结构信息和丰富的语义信息。由于这些年深度学习在实际应用领域取得的巨大成就，表示学习和端对端学习的概念日益得到重视，为了从复杂的图数据中学习到包含充分信息的向量化表示，出现了大量网络表示学习（Network Embedding）[6] 的方法。然而网络表示学习很难提供表示学习加任务学习的端对端系统，基于此，图数据的端对端学习系统仍然是一个重要的研究课题。

由于图数据本身结构的复杂性，直接定义出一套支持可导的计算框架并不直观。与图数据相对应的数据有图像、语音与文本，这些数据是定义在欧式空间中的规则化结构数据，基于这些数据的张量计算体系是比较自然且高效的。图 1-11 给出了图数据与其他几类常见类型数据的对比。图像数据呈现出规则的 2D 栅格结构，这种栅格结构与卷积神经网络的作用机制具有良好的对应。文本数据是一种规则的序列数据，这种序列结构与循环神经网络的作用机制相对应。

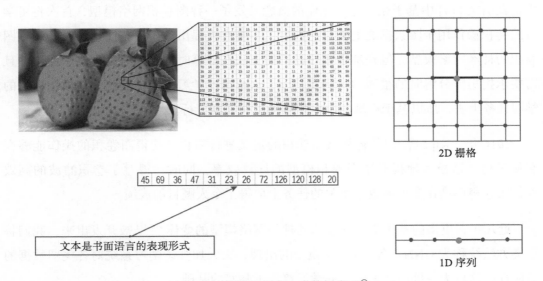

图 1-11　图像和语音文本数据类型⊖

⊖　图片来源：http://helper.ipam.ucla.edu/publications/dlt2018/dlt2018_14506.pdf。

受图信号处理（Graph Signal Processing）[7] 中对图信号卷积滤波的定义的启发，近几年发展出了一套基于图卷积操作并不断衍生的神经网络理论。本书将这类方法统称为图神经网络（Graph Neural Network，GNN[8-10]）。下面我们简述其发展历程。

2005 年，Marco Gori 等人发表论文 [11]，首次提出了图神经网络的概念。在此之前，处理图数据的方法是在数据的预处理阶段将图转换为用一组向量表示。这种处理方法最大的问题就是图中的结构信息可能会丢失，并且得到的结果会严重依赖于对图的预处理。GNN 的提出，便是为了能够将学习过程直接架构于图数据之上。

随后，其在 2009 年的两篇论文 [12, 13] 中又进一步阐述了图神经网络，并提出了一种监督学习的方法来训练 GNN。但是，早期的这些研究都是以迭代的方式，通过循环神经网络传播邻居信息，直到达到稳定的固定状态来学习节点的表示。这种计算方式消耗非常大，相关研究开始关注如何改进这种方法以减小计算量。

2012 年前后，卷积神经网络开始在视觉领域取得令人瞩目的成绩，于是人们开始考虑如何将卷积应用到图神经网络中。2013 年 Bruna 等人首次将卷积引入图神经网络中，在引文 [14] 中基于频域卷积操作的概念开发了一种图卷积网络模型，首次将可学习的卷积操作用于图数据之上。自此以后，不断有人提出改进、拓展这种基于频域图卷积的神经网络模型。但是基于频域卷积的方法在计算时需要同时处理整个图，并且需要承担矩阵分解时的很高的时间复杂度，这很难使学习系统扩展到大规模图数据的学习任务上去，所以基于空域的图卷积被提出并逐渐流行。

2016 年，Kipf 等人 [15] 将频域图卷积的定义进行简化，使得图卷积的操作能够在空域进行，这极大地提升了图卷积模型的计算效率，同时，得益于卷积滤波的高效性，图卷积模型在多项图数据相关的任务上取得了令人瞩目的成绩。

近几年，更多的基于空域图卷积的神经网络模型的变体 [16-18] 被开发出来，我们将这类方法统称为 GNN。各种 GNN 模型的出现，大大加强了学习系统对各类图数据的适应性，这也为各种图数据的任务学习奠定了坚实的基础。

自此，图数据与深度学习有了第一次真正意义上的结合。GNN 的出现，实现了图数据的端对端学习方式，为图数据的诸多应用场景下的任务，提供了一个极具竞争力的学习方案。

在本章的最后，我们给出图数据相关任务的一种分类作为结尾。

1. 节点层面（Node Level）的任务

节点层面的任务主要包括分类任务和回归任务。这类任务虽然是对节点层面的性质进行预测，但是显然不应该将模型建立在一个个单独的节点上，节点的关系也需要考虑。节点层面的任务有很多，包括学术上使用较多的对论文引用网络中的论文节点进行分类，工业界在线社交网络中用户标签的分类、恶意账户检测等。

2. 边层面（Link Level）的任务

边层面的任务主要包括边的分类和预测任务。边的分类是指对边的某种性质进行预测；边预测是指给定的两个节点之间是否会构成边。常见的应用场景比如在社交网络中，将用户作为节点，用户之间的关注关系建模为边，通过边预测实现社交用户的推荐。目前，边层面的任务主要集中在推荐业务中。

3. 图层面（Graph Level）的任务

图层面的任务不依赖于某个节点或者某条边的属性，而是从图的整体结构出发，实现分类、表示和生成等任务。目前，图层面的任务主要应用在自然科学研究领域，比如对药物分子的分类、酶的分类等。

1.5　参考文献

[1]　Zhang G, He H, Katabi D. Circuit-GNN: Graph Neural Networks for Distributed Circuit Design[C]//International Conference on Machine Learning. 2019: 7364-7373.

[2]   F. R. Chung. Spectral Graph Theory. American Mathematical Society, 1997.

[3]   Von Luxburg U. A tutorial on spectral clustering[J]. Statistics and computing, 2007, 17(4): 395-416.

[4]   Koller D, Friedman N, Džeroski S, et al. Introduction to statistical relational learning[M]. MIT press, 2007.

[5]   Shi C, Li Y, Zhang J, et al. A survey of heterogeneous information network analysis[J]. IEEE Transactions on Knowledge and Data Engineering, 2016, 29(1): 17-37.

[6]   Cui P, Wang X, Pei J, et al. A survey on network embedding[J]. IEEE Transactions on Knowledge and Data Engineering, 2018, 31(5): 833-852.

[7]   Shuman D I, Narang S K, Frossard P, et al. The emerging field of signal processing on graphs: Extending high-dimensional data analysis to networks and other irregular domains[J]. IEEE signal processing magazine, 2013, 30(3): 83-98.

[8]   Zhou J, Cui G, Zhang Z, et al. Graph neural networks: A review of methods and applications[J]. arXiv preprint arXiv:1812.08434, 2018.

[9]   Zhang Z, Cui P, Zhu W. Deep learning on graphs: A survey[J]. arXiv preprint arXiv:1812.04202, 2018.

[10]   Wu Z, Pan S, Chen F, et al. A comprehensive survey on graph neural networks[J]. arXiv preprint arXiv:1901.00596, 2019.

[11]   Gori M, Monfardini G, Scarselli F. A new model for learning in graph domains[C]// Proceedings. 2005 IEEE International Joint Conference on Neural Networks, 2005. IEEE, 2005, 2: 729-734.

[12]   Micheli A. Neural network for graphs: A contextual constructive approach[J]. IEEE Transactions on Neural Networks, 2009, 20(3): 498-511.

[13]   Scarselli F, Gori M, Tsoi A C, et al. The graph neural network model[J]. IEEE Transactions on Neural Networks, 2008, 20(1): 61-80.

[14]   Bruna J, Zaremba W, Szlam A, et al. Spectral networks and locally connected networks on graphs[J]. arXiv preprint arXiv:1312.6203, 2013.

[15]　Kipf T N, Welling M. Semi-supervised classification with graph convolutional networks[J]. arXiv preprint arXiv:1609.02907, 2016.

[16]　Hamilton W, Ying Z, Leskovec J. Inductive representation learning on large graphs[C]//Advances in Neural Information Processing Systems. 2017: 1024-1034.

[17]　Veličković P, Cucurull G, Casanova A, et al. Graph attention networks[J]. arXiv preprint arXiv:1710.10903, 2017.

[18]　Gilmer J, Schoenholz S S, Riley P F, et al. Neural message passing for quantum chemistry [C]//Proceedings of the 34th International Conference on Machine Learning-Volume 70. JMLR. org, 2017: 1263-1272.

[19]　Johnson J, Gupta A, Fei-Fei L. Image generation from scene graphs[C]// Proceedings of the IEEE Conference on Computer Vision and Pattern Recognition. 2018: 1219-1228.

第 2 章

神经网络基础

近几年，随着算法的改进、数据量的爆发、算力的提升，机器学习和深度学习得到了快速发展。本章将从机器学习的基本概念出发，介绍什么是机器学习以及如何得到机器学习的模型。然后介绍深度学习模型的基本组成单元——神经元模型和以它为基础构建的多层感知器模型。我们还将以多层感知器为例，介绍深度学习中的反向传播算法和优化方法。

2.1 机器学习基本概念

2.1.1 机器学习分类

机器学习是一门多领域交叉学科，涉及概率论、统计学、逼近论、凸分析、计算复杂性理论等多门学科。机器学习理论主要是设计和分析一些让计算机可以自动"学习"的算法。通俗地说，机器学习是让计算机从数据中去挖掘有价值的信息。

从不同的维度来分，机器学习可以有不同的分类。下面简要介绍几种常见的分类方法。

根据训练数据是否有标签，机器学习可以分为监督学习、半监督学习和无监督学习。

监督学习：指的是训练数据中每个样本都有标签，通过标签可以指导模型进行学习，学到具有判别性的特征，从而对未知样本进行预测。比如图像分类比赛ImageNet，通过利用每张图像已有的标签训练模型，使得模型可以对未知的图像进行预测，得到相应的分类结果。

无监督学习：指的是训练数据完全没有标签，通过算法从数据中发现一些数据之间的约束关系，比如数据之间的关联、距离关系等。典型的无监督算法如聚类，根据一定的度量指标，将"距离"相近的样本聚集在一起。

半监督学习：指的是介于监督学习和无监督学习之间的一种学习方式。它的训练数据既包含有标签数据，也包含无标签数据。假设标签数据和无标签数据都是从同一个分布采样而来，那无标签数据中含有一些数据分布相关的信息，可以作为标签数据之外的补充。这种情况在现实中是非常常见的。比如在互联网行业，每天会产生大量的数据，这些数据部分可能携带标签，但更多的数据是不带标签的，如果靠人工去标记这些无标签数据，代价是相当大的，而半监督学习可以提供一些解决思路。

从算法输出的形式上来分，可以分为分类问题和回归问题，这两类问题都属于监督学习的范畴。

分类问题：指的是模型的输出值为离散值。比如在风控场景中，模型通常输出的是正常/异常两类结果；在图像分类任务中，模型输出为图像所属的具体类别。

回归问题：指的是模型的输出值为连续值。比如在电商广告推荐中，模型常常输出用户点击某个商品的概率，概率越高表示模型认为用户越倾向于点击该商品。

2.1.2　机器学习流程概述

一个完整的机器学习流程通常涉及多个环节，各个环节之间相互依赖，下面以一个具体的实例来直观地说明整个流程，然后以数学的语言阐述整个过程。

1. 示例

在电商领域，我们需要对商品进行分类，为了简化问题，假设只有一批商品的图片数据，分为羽绒服、毛呢大衣、连衣裙、卫衣等品类。我们需要建立一个模型，并使用这批商品的图片数据训练模型，得到一个可以对未知的图片进行分类的预测模型。比如对于新样式的羽绒服可以正确预测它的类别是羽绒服。要完成上述功能，在机器学习中通常需要如下几个步骤。

（1）提取商品图片的特征：在计算机中图像都是以像素的方式离散存储的，单个像素携带的信息，很难让模型直接去学习。为了让计算机能够准确地识别分类，需要提取一些有区分性的特征，比如衣服的颜色、风格等。这些特征可以是人为定义的，这个过程称为特征工程，也可以使用算法自动提取。前者是传统机器学习的必需步骤，并且具有举足轻重的地位，后者典型的方法是深度学习，读者在第 3 章可以了解到如何使用深度学习方法解决这个问题。

（2）建立模型：在定义好特征后，需要选择一个合适的模型来建模。传统的机器学习模型有逻辑回归、随机森林等；基于深度学习的方法，有多层感知器、卷积网络等。模型可以看成是一个复杂的函数 $y = f(X; W)$，其目的是建立输入到标签 y 之间的映射，其中 X 是前面定义的特征，W 是模型的参数。

（3）确定损失函数和进行优化求解：选择模型只是确定了一个模型形式，比如使用逻辑回归，它还包含权值，在这些权值没有确定之前，是无法用它来进行正确预测的。那么如何调整模型使得它可以完成有意义的预测呢？首先需要一个数值来量化模型预测的对错，损失函数就是来衡量模型输出与标签之间的差异程度的，当预测结果与标签差异偏大时，损失函数值增大，反之则减小。基于损失函数给出的值，可以通过优化方法调整模型以不断减小损失值。

2. 数学模型

以上述例子代表的分类模型为例，给出分类的数学模型。假设有一批包含 N 条

样本的训练集，用集合 $X = \{(x_i, y_i)|i = 1, 2, ..., N\}$ 表示。每一个样本 x_i 都有对应的标签 y_i，其中 $x_i \in R^d$ 表示每个样本是一个 d 维的向量，标签 y_i 是一系列离散值 $y_i \in Y = \{0, 1, 2, ..., K\}$，表示样本 x_i 所属的类别，K 为类别的种类数。我们的目的是建立一个能完成分类功能的模型，即需要这样一个模型：$f : R^d \rightarrow R^K$，输入是 d 维的向量，经过 f 映射，输出在每个类别上的概率分布 $P(Y|x_i) = f(x_i; \theta)$，这样就可以取概率最大的类别作为结果，即 $y_i^* = \text{argmax}(P(Y|x_i))$。

那么现在的问题是，如何评价分类模型的好坏呢？比较直接的方法是，我们关注模型在训练数据上的结果，通过比较 $y_i^* = \text{argmax}(f(x_i; \theta))$ 与样本真实标签 y_i 是否相同来评价模型的好坏。如果模型能对训练集中的大部分样本进行正确预测，那这个模型可能是一个不错的模型，否则可能是一个糟糕的模型，这种定性的说明并不直观，我们需要一种可以量化这个差异的方法，该方法就是损失函数。

损失函数（loss function）用来估量模型的预测值 y^* 与真实值 y 的差异程度，是一个非负实值函数，通常用 $L(y, f(x; \theta))$ 来表示。在机器学习中，通过在训练集 X 上最小化损失函数来训练模型，调整 f 的参数 θ，使得损失函数值降低，当损失函数取最小值时，也就找到了一个不错的模型。这个过程称为优化求解。整个过程可以用式（2.1）表示：

$$\theta^* = \arg\min\left[\frac{1}{N}\sum_{i=1}^{N}L(y_i, f(x_i;\theta)) + \lambda\Phi(\theta)\right] \tag{2.1}$$

其中，前面的均值函数表示的是经验风险函数，L 代表的是损失函数，后面的 Φ 是正则化项（regularizer）或者叫惩罚项（penalty term），可以是 L_1 也可以是 L_2，或者其他正则函数。上述公式表示的是找到使目标函数最小的 θ 值。损失函数旨在表示模型输出 $f(x)$ 和真实值 Y 的差异程度，不同的损失函数有不同的表示意义，也就是在最小化损失函数的过程中，$f(x)$ 逼近 Y 的方式不同，得到的结果可能也不同。

在实际优化时，常常无法一步到位直接找到合适的参数，因此在机器学习中，通常使用迭代式的方法逐步逼近最优值。整个过程如图 2-1 所示：对训练集 X 使用模型 $f(X; \theta_0)$ 进行预测，其中 θ_0 表示初始参数，然后对预测的结果与样本真实标签利用损失函数计算损失值，优化方法会根据当前损失值对参数进行调整，得到 θ_1，然后重复上述过程，持续迭代，直到该算法发现损失可能是最低的模型参数。通常，可以不断迭代，直到总体损失不再变化或变化极其缓慢为止，这时候，我们可以说该模型已收敛。

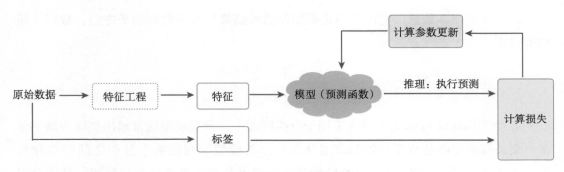

图 2-1 机器学习算法迭代过程

需要注意的是，我们训练模型的目的不是让模型在训练集上取得不错的效果，而是希望模型从训练集中学会面对未知的样本，能够对新样本进行预测。一个极端的情况是我们得到了一个模型，它能完美地拟合训练数据，能完全正确地预测所有的训练样本，但是在新样本预测的表现上却糟糕，这种现象在机器学习中被称为过拟合。另一种情况是模型"竭尽全力"也无法在训练样本上取得令人满意的结果，这种现象被称为欠拟合。

损失函数和优化算法是机器学习的两个重要组成部分。接下来我们首先介绍几种常用的损失函数，然后介绍一类使用较多的优化方法——梯度下降。

2.1.3 常见的损失函数

损失函数是指导模型进行有效学习的基础，基于不同的任务可以选择或者设计不同的损失函数，使得模型可以从数据中挖掘出有价值的信息。下面我们介绍几种常见的损失函数。

1. 平方损失函数

平方损失的定义如式（2.2）所示：

$$L(y, f(x; \theta)) = \frac{1}{N} \sum_{i=1}^{N} (y_i - f(x_i; \theta))^2 \qquad (2.2)$$

其中 N 是样本数量，它衡量的是模型预测的结果与标签之间的平方差，常用于回归类问题。

2. 交叉熵损失

交叉熵（cross entropy）损失常用于分类问题中，分类模型通常输出类别的概率分布，交叉熵衡量的是数据标签的真实分布与分类模型预测的概率分布之间的差异程度，损失值越小，它们之间的差异就越小，模型就越能准确地进行预测。其离散形式如下：

$$L(y, f(x)) = H(p, q) = -\frac{1}{N} \sum_{i=1}^{N} p(y_i \mid x_i) \log[q(\hat{y}_i \mid x_i)] \qquad (2.3)$$

其中 p，q 分别表示数据标签的真实分布和模型预测给出的分布，$p(y_i \mid x_i)$ 表示样本 x_i 标签的真实分布。一般来说，样本 x_i 只属于某个类别 c_k，因此 $p(y_i = c_k \mid x_i) = 1$，在其他类别上概率为 0。$q(\hat{y}_i \mid x_i)$ 表示给定样本 x_i 模型预测在各个类别上的概率分布。如果样本 x_i 的标签为 c_k，那么式（2.3）可以简化为式（2.4）：

$$L(y, f(x)) = -\frac{1}{N} \sum_{i=1}^{N} \log[q(\hat{y}_i = c_k \mid x_i)] \qquad (2.4)$$

可以看出在这种情况下，最小化交叉熵损失的本质就是最大化样本标签的似然概率。

对于二分类来说 $y_i \in \{0, 1\}$，使用逻辑回归可以得到样本 x_i 属于类别 1 的概率 $q(y_i = 1 \mid x_i)$，那么样本属于类别 0 的概率为 $1 - q(y_i = 1 \mid x_i)$，使用式（2.4），可以得到逻辑回归的损失函数，如式（2.5）所示，它也被称为二元交叉熵损失。

$$L(y, f(x)) = -\frac{1}{N}\sum_{i=1}^{N}\left[y_i \log q(y_i = 1 \mid x_i) + (1 - y_i)\log(1 - q(y_i = 1 \mid x_i))\right] \qquad (2.5)$$

2.1.4　梯度下降算法

1. 梯度下降算法的原理

机器学习中很多问题本质上都是求解优化相关的问题，找到合适的参数以期最小化损失函数值。求解类似的优化问题，有很多成熟的方法可以参考，梯度下降就是一种经典的方法。它利用梯度信息，通过不断迭代调整参数来寻找合适的解。

对于一个多元函数 $f(x)$，梯度定义为对其中每个自变量的偏导数构成的向量，用 $f'(x)$ 表示，如式（2.6）所示：

$$f'(x) = \nabla f(x) = [\nabla f(x_1), ..., \nabla f(x_n)]^{\mathrm{T}} \qquad (2.6)$$

考查 $f(x + \Delta x)$ 在 x 处的泰勒展开，如式（2.7）所示：

$$f(x + \Delta x) = f(x) + f'(x)^{\mathrm{T}}\Delta x + o(\Delta x) \qquad (2.7)$$

要想使得 $f(x + \Delta x) < f(x)$，忽略高阶项，就需要 $f'(x)^{\mathrm{T}}\Delta x < 0$，也就是说，满足这个条件就可以使得函数值减小，进一步地，$f'(x)^{\mathrm{T}}\Delta x = \|f'(x)^{\mathrm{T}}\| \cdot \|\Delta x\| \cdot \cos\theta$，取 $\Delta x = -\alpha f'(x)$，可保证更新后的 x 可以使得函数值减小，这里 α 是一个超参数，用于调整每次更新的步长，称为学习率。

机器学习中优化的目标是最小化损失函数，通过梯度下降的方法进行求解的过程分为以下几步，算法过程如下所示。首先，通过随机初始化为需要求解的参数赋初值，作为优化的起点；接下来，使用模型对所有样本进行预测，计算总体的损失值；然后利用损失值对模型参数进行求导，得到相应的梯度；最后基于梯度调整参数，得到迭代之后的参数。重复上述过程，直到达到停止条件。

作一个形象的比喻，梯度下降算法就像是一个人下山，他在山顶，想要达到山脚，但是山上的浓雾很大，他分不清下山的路，必须利用自己周围的信息去找到下山的路径，这时候就可以使用梯度下降算法。具体来说就是，以他当前所处的位置为基准，找到这个位置最陡峭的方向，然后朝着这个方向往山下走，每走一段路就重复上述步骤，最后就能成功到达山脚了。

梯度下降算法

给定训练集 $\{x_n, y_n\}_{n=1}^{N}$，给定模型 f，包含的参数集合为 $\Theta = \{\theta^{(0)}, ..., \theta^{(k)}\}$，损失函数为 $L(Y, f(X; \Theta))$，学习率为 α。

随机初始化参数：$\{\theta_0^{(0)}, ..., \theta_0^{(k)}\}$

For t=0,1,2,3,···,T

$$L_t = L(Y, f(X; \Theta_t))$$

$$\nabla \Theta_t = \frac{\partial L_t}{\partial \Theta_t} = \{\nabla \theta_t^{(0)}, ..., \nabla \theta_t^{(k)}\}$$

$$\Theta_{t+1} = \{\theta_t^{(0)} - \alpha \nabla \theta_t^{(0)}, ..., \theta_t^{(k)} - \alpha \nabla \theta_t^{(k)}\}$$

2. 随机梯度下降算法

前面介绍的梯度下降算法需要首先计算所有数据上的损失值，然后再进行梯度下降，这种方式在数据规模比较大时是比较低效的。主要体现在两个方面，一是数据规模大时，模型计算所有样本的时间增加；二是随着数据维度的增加，梯度计算的复杂度也会增加。这种基于所有样本计算梯度值，并进行一次参数更新的方法称为批梯度下降（Batch Gradient Descent）。

如果不使用全量的样本来计算梯度，而使用单一样本来近似估计梯度，就能极大地减少计算量，提高计算效率，但是这种方法是否能保证一定收敛呢？可以证明，这种算法的收敛性是可以保证的，这种方法称为随机梯度下降（Stochastic Gradient Descent，SGD）。

具体来说就是，每次从训练集中随机选择一个样本，计算其对应的损失和梯度，进行参数更新，反复迭代。这种方式在数据规模比较大时可以减小计算复杂度，从概率意义上来说单个样本的梯度是对整个数据梯度的无偏估计，但是它存在着一定的不确定性，因此收敛速率相比批梯度下降算法更慢。

改进的方法是每次使用多个样本来估计梯度，这样可以减小不确定性，提高收敛速率。这种方法称为小批量随机梯度下降（mini-batch SGD），其中每次迭代选取的样本数量称为批大小（batch size），算法过程如下所示。

小批量随机梯度下降

给定训练集 $\{x_n, y_n\}_{n=1}^{N}$，给定模型 f，包含的参数集合为 $\Theta = \{\theta^{(0)}, ..., \theta^{(k)}\}$，损失函数为 $L(Y, f(X; \Theta))$，学习率为 α，批处理大小为 B。

随机初始化参数：$\Theta_0 = \{\theta_0^{(0)}, ..., \theta_0^{(k)}\}$

For epoch=0,1,2,3,$\cdots$,T；随机打乱样本

        依次从 X, Y 中选择 B 个样本得到 X_{B_t}, Y_{B_t}

        $L_t = L(Y_{B_t}, f(X_{B_t}; \Theta_t))$

        $\nabla \Theta_t = \dfrac{\partial L_t}{\partial \Theta_t} = \{\nabla \theta_t^{(0)}, ..., \nabla \theta_t^{(k)}\}$

        $\Theta_{t+1} = \{\theta_t^{(0)} - \alpha \nabla \theta_t^{(0)}, ..., \theta_t^{(k)} - \alpha \nabla \theta_t^{(k)}\}$

2.2 神经网络

随着神经科学、认知科学的发展，我们已经知道人类的智能行为都和大脑活动有关。人类的大脑是一个可以产生意识、思想和情感的器官。受到人脑神经系统的启发，早期的神经科学家构造了一种模仿人脑神经系统的数学模型，称为人工神经网络，简称神经网络。在机器学习领域，神经网络是指由很多人工神经元构成的网络结构模型，这些人工神经元之间的连接强度是可学习的参数。

2.2.1 神经元

神经元是神经网络进行信息处理的基本单元，其主要是模拟生物神经元的结构和特性，接收输入信号并产出输出。

生物学家在 20 世纪初就发现了生物神经元的结构，如图 2-2 所示。一个生物神经元通常具有多个树突和一条轴突。树突用来接收信息，轴突用来发送信息。当神经元所获得的输入信号积累超过某个阈值时，它就会处于兴奋状态，产生电脉冲。轴突尾端有许多末梢可以与其他神经元的树突产生连接（突触），并将电脉冲信号传递给其他神经元。

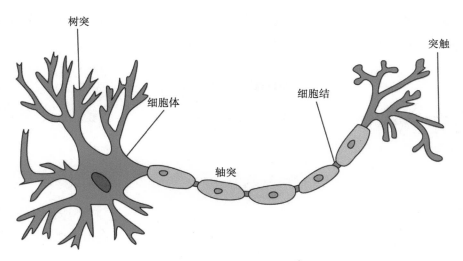

图 2-2　典型神经元结构

1943 年，心理学家 McCulloch 和数学家 Pitts 根据生物神经元的结构，提出了一种非常简单的神经元模型——MP 神经元 [1]。

一个基本的神经元包括 3 个基本组成部分：输入信号、线性组合和非线性激活函数。我们可以用式（2.8）和式（2.9）来描述图 2-3 中的神经元的计算。

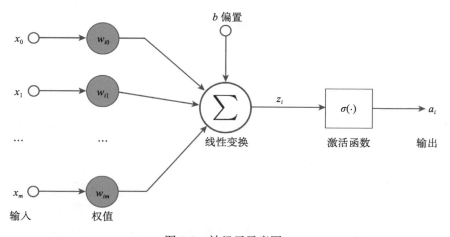

图 2-3　神经元示意图

───────────

　⊖　图片来源：https://commons.wikimedia.org/wiki/File:Neuron_Hand-tuned.svg。

$$z_i = \sum_{j=1}^{m} w_{ij} x_j \qquad (2.8)$$

$$a_i = \sigma(z_i + b) \qquad (2.9)$$

其中 $x_0, x_1, \cdots, x_m$ 是输入信号，$w_{i0}, w_{i1}, \cdots, w_{im}$ 是神经元的权值，z_i 是输入信号的线性组合，b 是偏置，激活函数为 $\sigma(\cdot)$，a_i 是神经元输出信号。

2.2.2 多层感知器

1. 单隐层感知器

单个隐藏层的感知器的典型结构如图 2-4 所示，它通过将神经元进行堆叠得到，我们可以把它看作一个映射：$f: R^{D_{in}} \rightarrow R^{D_{out}}$，其中 D_{in} 表示输入层的神经元个数，也就是输入向量的维度，D_{out} 表示输出层的神经元个数，也就是输出向量的维度，计算过程可以用式（2.10）表示：

$$f(x) = f_2(b^{(2)} + W^{(2)}(f_1(b^{(1)} + W^{(1)}x))) \qquad (2.10)$$

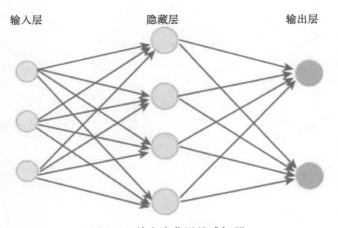

输入层　　　　　　隐藏层　　　　　　输出层

图 2-4　单个隐藏层的感知器

其中 $b^{(1)}$、$b^{(2)}$ 表示偏置，$W^{(1)}$、$W^{(2)}$ 表示权值向量，f_1、f_2 表示激活函数。$h(x) =$

$f_1(b^{(1)} + W^{(1)}x)$ 就是隐藏层的输出，可以看到，隐藏层的输出就是对输入进行线性变换和非线性变换。$W^{(1)} \in R^{D_h \times D_{in}}$ 是将输入向量变换为隐藏层向量的变换矩阵，$W^{(1)}$ 的每一列表示从输入连接到隐藏层一个神经元的权值向量。f_1 表示激活函数，它对隐藏层的每个神经元进行变换，得到对应的输出，这种计算方式称为逐元素操作（Elementwise Operator），2.3 节将会介绍一些典型的激活函数。

2. 感知器的信息传递

多层感知器（Multi-Layer Perceptron，MLP），也称前馈神经网络。典型的多层感知器如图 2-5 所示，前面介绍的单层感知器是它的一种特殊形式。它有如下几个特点。

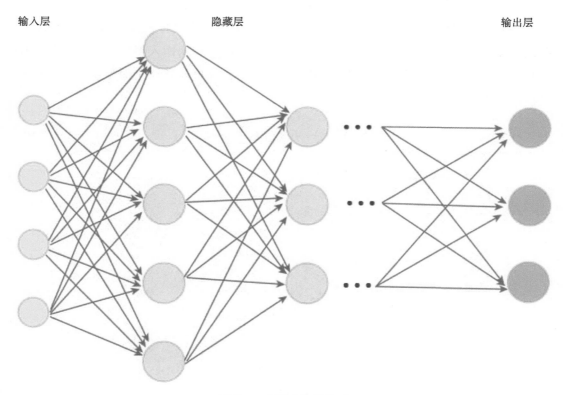

图 2-5　多层感知器模型

多层感知器可以分为 3 个部分：输入层、隐藏层、输出层，其中隐藏层可以包括一层或者多层；每一层都由若干神经元组成，每个神经元承担的计算功能包括线性加权和非线性变换；层与层之间通过权值建立联系，后一层的每个神经元与前一层的每个神经元都产生连接。

输入信号通过不断地进行线性变换（线性加权）和非线性变换（激活函数），逐渐将输入信号向后一层传递，直到输出层。其中输入层和输出层的神经元个数往往是通过先验的知识确定的，而隐藏层中每层的神经元个数以及使用的层数都是超参数。

更一般化地，我们用式（2.11）和式（2.12）的形式来表示多层感知器的信息传播过程：

$$z^{(l)} = W^{(l)} \cdot a^{(l-1)} + b^{(l)} \tag{2.11}$$

$$a^{(l)} = \sigma_l(z^{(l)}) \tag{2.12}$$

其中 $W^{(l)} \in R^{D_l \times D_{l-1}}$ 是第（l–1）层到第 l 层的变换参数，D_{l-1} 表示第（l–1）层的神经元个数，D_l 表示第 l 层的神经元个数；$b^{(l)} \in R^{D_l}$ 表示偏置项；$\{W^{(l)}, b^{(l)}\}$ 是一层网络中可训练的参数。σ_l 是第 l 层的激活函数。$z^{(l)} \in R^{D_l}$、$a^{(l)} \in R^{D_l}$ 分别表示线性变换的输出和激活函数的输出。

多层感知器逐层传递信息，得到输出 y，整个网络可以看作一个复杂的复合函数 $\varphi(X; W, b)$，其中 W、b 表示参数的集合 $\{W^{(l)}, b^{(l)} | l = 1, 2, 3, \cdots\}$。

2.3　激活函数

激活函数是神经网络中一个十分重要的概念，它的非线性使得神经网络几乎可以任意逼近任何非线性函数。如果不使用激活函数，无论神经网络有多少层，其每一层的输出都是上一层输入的线性组合，这样构成的神经网络仍然是一个线性模型，表达能力有限。

激活函数的选择可以多种多样，一个基本的要求是它们是连续可导的，可以允许在少数点上不可导。常用的激活函数包括 S 型激活函数和 ReLU 及其变种等。

2.3.1　S 型激活函数

S 型激活函数中比较典型的是 Sigmoid 和 Tanh，这种激活函数的特点是有界，即 $\lim_{x \to \infty} s(x) = a$，$\lim_{x \to -\infty} s(x) = b$，并且输入的绝对值越大，对应的梯度就越小，越趋近于 0。

Sigmoid 函数的定义为式（2.13）：

$$\sigma(x) = \frac{1}{1 + e^{-x}} \qquad (2.13)$$

Sigmoid 函数将任意大小的输入都压缩到 0 到 1 之间，输入的值越大，压缩后越趋近于 1；输入值越小，压缩后越趋近于 0。当 $x \in [-1, 1]$ 时，可以近似看作线性函数，并且当 $x = 0$ 时，函数值为 0.5。

它在神经网络中常常用作二分类器最后一层的激活函数，可将任意实数值转换为概率；另一个应用场景是由于它的值域为（0，1），故可以作为一个类似于开关的调节器，用于对其他信息进行调节。

另一个函数是 Tanh，其定义为式（2.14）：

$$\tanh(x) = \frac{e^x - e^{-x}}{e^x + e^{-x}} \qquad (2.14)$$

相比较于 Sigmoid，Tanh 的值域范围更大一些，为（-1，1）。Sigmoid 和 Tanh 的函数图像如图 2-6 所示。Tanh 也可以作为"开关"调节输入信息。

2.3.2　ReLU 及其变种

1. ReLU

线性整流函数（Rectified Linear Unit，ReLU）[2] 是目前深度学习模型中经常使用的激活函数。它的定义为当 $x \geqslant 0$ 时，保持 x 不变进行输出；当 $x<0$ 时，输出为 0，

如式（2.15）所示：

$$\text{ReLU}(x) = \begin{cases} x & \text{if } x \geq 0 \\ 0 & \text{if } x < 0 \end{cases} \qquad （2.15）$$

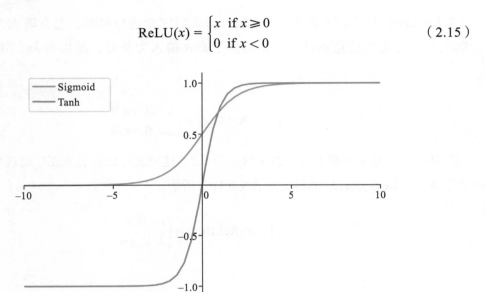

图 2-6　Sigmoid 函数和 Tanh 函数

　　可以看出，ReLU 对正负值的处理方式完全不同，当输入为负时，全部置零，而输入为正时则保持不变，这个特性称为单侧抑制。在隐藏层中，这个特征会为隐藏层的输出带来一定的稀疏性。同时由于它在输入为正时，输出保持不变，梯度为 1，可以缓解梯度消失的问题。它的梯度如式（2.16）所示，计算非常简单，计算效率很高。

$$\nabla_x \text{ReLU}(x) = \begin{cases} 1 & \text{if } x \geq 0 \\ 0 & \text{if } x < 0 \end{cases} \qquad （2.16）$$

　　另外，单侧抑制在某些情况下可能会导致某个神经元"死亡"，原因是如果某个神经元输出始终为负，那么在进行反向传播时，其相应的梯度始终为 0，导致无法进行有效的更新。

　　在实际使用中，为了避免上述情况，有几种 ReLU 的变种也被广泛使用。

2. LeakyReLU

LeakyReLU[3] 不同于 ReLU 在输入为负时完全进行抑制，它在输入为负时，可以允许一定量的信息通过，具体的做法是在输入为负时，输出为 λx，如式（2.17）所示。

$$\text{LeakyReLU}(x) = \begin{cases} x & \text{if } x > 0 \\ \lambda x & \text{if } x \leqslant 0 \end{cases} \tag{2.17}$$

其中 $\lambda > 0$ 是一个超参数，通常取值为 0.2。这样就可以避免 ReLU 出现神经元"死亡"现象。LeakyReLU 的梯度如式（2.18）所示。

$$\nabla_x \text{LeakyReLU}(x) = \begin{cases} 1 & \text{if } x > 0 \\ \lambda & \text{if } x \leqslant 0 \end{cases} \tag{2.18}$$

3. PReLU

PReLU（Parametric ReLU）[4] 在 LeakyReLU 的基础上更进一步，它将 LeakyReLU 中的超参数 λ 改进为可以训练的参数，并且每个神经元可以使用不同的参数。对于单个神经元，PReLU 的定义如式（2.19）所示：

$$\text{PReLU}(x) = \begin{cases} x & \text{if } x > 0 \\ \alpha x & \text{if } x \leqslant 0 \end{cases} \tag{2.19}$$

对于 $x \in R^{D_l}$，所需要的参数量为 D_l，因此相较于 LeakyReLU，PReLU 引入了更多的参数。另外对于维度更高的输入，比如卷积神经网络的中间层输出 $x \in R^{H \times W \times C}$，不必为其中的每个元素均设置一个可训练的参数，可以在维度 H 和 W 上进行共享，这样需要的参数总量为 C。

4. ELU

不同于 LeakyReLU 和 PReLU 在输入为负时，进行线性压缩，指数线性单元（Exponential Linear Unit，ELU）[5] 在输入为负时，进行非线性变换，如式（2.20）所示，它的函数曲线如图 2-7 所示。

$$ELU(x) = \begin{cases} x & \text{if } x \geqslant 0 \\ \alpha(e^x-1) & \text{if } x < 0 \end{cases} \tag{2.20}$$

其中 $\alpha>0$，α 是一个超参数，控制着输入为负时的饱和区。它具有调节激活值的均值为 0 的功能，可以加速神经网络的收敛。

上述几种激活函数的图像如图 2-7 所示：

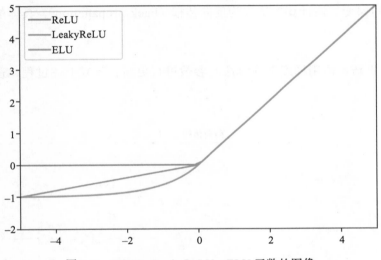

图 2-7　ReLU、LeakyReLU、ELU 函数的图像

2.4　训练神经网络

如何让神经网络高效地进行训练，这是神经网络研究早期遇到的难题之一。反向传播方法[6] 的提出解决了这个难题，它基于链式法则快速地计算参数的梯度，然后使用梯度下降算法进行参数更新。本节我们将介绍神经网络模型的运行过程，随后将详细介绍反向传播算法，最后介绍在含有大规模参数的情况下神经网络优化面临的挑战。

2.4.1 神经网络的运行过程

神经网络的运行过程分为三步：前向传播、反向传播、参数更新，通过不断迭代进行模型参数的更新，以从数据中挖掘出有价值的信息，如图 2-8 所示。

1）前向传播：给定输入和参数，逐层向前进行计算，最后输出预测结果；

2）反向传播：基于前向传播得到的预测结果，使用损失函数得到损失值，然后计算相关参数的梯度，该计算方法称为反向传播（back-propagation），具体的细节后面将详细介绍；

3）参数更新：使用梯度下降算法对参数进行更新，重复上述过程，逐步迭代，直到模型收敛。

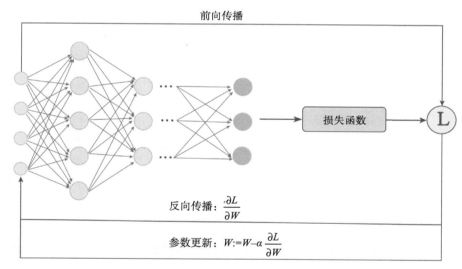

图 2-8　神经网络的运行过程

2.4.2 反向传播

我们以多层感知器为例来介绍反向传播算法。给定样本 $\{(x_n, y_n)\}_{n=1}^{N}$，使用多层感知器的消息传递公式可以进行前向传播，这个过程可以用图 2-9 来表示。

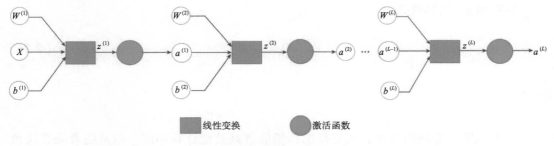

图 2-9 多层感知器计算示意图

给定样本 (x, y)，前向传播得到输出 $\hat{y}$，对应的损失值为 $L(y, \hat{y})$，接下来求参数矩阵 $W^{(l)}$ 的梯度 $\dfrac{\partial L(y, \hat{y})}{\partial W^{(l)}}$，使用链式法则可以得到式（2.21）。

$$\frac{\partial L(y, \hat{y})}{\partial W^{(l)}} = \frac{\partial z^{(l)}}{\partial W^{(l)}} \frac{\partial L(y, \hat{y})}{\partial z^{(l)}} \tag{2.21}$$

我们定义 $\boldsymbol{\delta}^{(l)} = \dfrac{\partial L(y, \hat{y})}{\partial z^{(l)}}$ 为误差项，它衡量的是 $z^{(l)}$ 对损失值的影响，进一步使用链式法则，我们可以得到式（2.22）。

$$\boldsymbol{\delta}^{(l)} = \frac{\partial L(y, \hat{y})}{\partial z^{(l)}} = \frac{\partial a^{(l)}}{\partial z^{(l)}} \times \frac{\partial z^{(l+1)}}{\partial a^{(l)}} \times \frac{\partial L(y, \hat{y})}{\partial z^{(l+1)}} \tag{2.22}$$

基于公式 $z^{(l+1)} = W^{(l+1)} a^{(l)} + b^{(l)}$ 且 $a^{(l)} = \sigma(z^{(l)})$ 进行变换可以得到式（2.23）。

$$\begin{aligned} \boldsymbol{\delta}^{(l)} &= \frac{\partial L(y, \hat{y})}{\partial z^{(l)}} = \frac{\partial a^{(l)}}{\partial z^{(l)}} \times \frac{\partial z^{(l+1)}}{\partial a^{(l)}} \times \frac{\partial L(y, \hat{y})}{\partial z^{(l+1)}} \\ &= \sigma'(z^{(l)}) \odot W^{(l+1)^{\mathrm{T}}} \boldsymbol{\delta}^{(l+1)} \end{aligned} \tag{2.23}$$

其中 $\sigma'(z^{(l)})$ 是激活函数的导数，$\odot$ 表示哈达玛积，它是一种对应元素相乘的二元运算符。从式（2.23）中可以看出，第 l 层的误差与第 $l+1$ 层的误差有关，这就是反向传播的来源。

那么对于 $\dfrac{\partial L(y, \hat{y})}{\partial W^{(l)}} \in R^{D_l \times D_{l-1}}$，可以得到式（2.24）：

$$\frac{\partial L(y, \hat{y})}{\partial W^{(l)}} = \left(a^{(l-1)} \boldsymbol{\delta}^{(l)^{\mathrm{T}}} \right)^{\mathrm{T}} \tag{2.24}$$

偏置项 $b^{(l)}$ 的导数如式（2.25）所示：

$$\frac{\partial L(y, \hat{y})}{\partial b^{(l)}} = \delta^{(l)} \tag{2.25}$$

2.4.3 优化困境

对于深度神经网络来说，虽然反向传播能够高效地计算梯度，但是随着堆叠层数和模型参数规模的增加，也给模型优化带来一些严峻的问题。

1. 梯度消失

从式（2.23）中可以看出，第 l 层的误差是通过第（$l+1$）层的误差与两层之间权重的加权，再乘以激活函数的导数得到的，如果激活函数使用 Sigmoid，它的导数为 $\sigma'(x) = \sigma(x)(1-\sigma(x))$，由于 $\sigma(x) \in (0, 1)$，它的导数的最大值为 $\sigma'(x) = 0.25$，当层数增加时，最后一层的误差将在前面的层中快速衰减，这会导致靠近输入层的梯度值非常小，参数几乎无法进行有效的更新，在下一次前向传播时，由于前面层的参数无法有效地从数据中获得有价值的信息供后面的层使用，模型就难以进行有效的训练。这种现象称为梯度消失。

导致梯度消失的原因在于激活函数的饱和性，比如 Sigmoid、Tanh 等都会带来这种问题，它们在函数值趋近于上下边界时，梯度通常比较小，再与误差项相乘将变得更小，多次的反向传播将会使得梯度值不断减小，图 2-10 所示为一个 5 层的多层感知器训练过程中每一层权值 W 的 2 范数，可以看出越靠近输入的层，它的值越小，这就是梯度消失的表现。因此现在的神经网络通常使用 ReLU 激活函数。

2. 局部最优与鞍点

由于神经网络的复杂非线性关系和参数维度较高，因此尽管损失函数通常都是凸的，但损失函数与参数之间的关系却是非凸的，如图 2-11 中的 a 图所示。深度神经模型具有非常多的局部最优，当陷入局部最优时，模型优化就会变得非常困难，不过，深度神经网络模型通常存在非常多的局部最优点，往往这些局部最优解都能保证模型的效果 [7]。

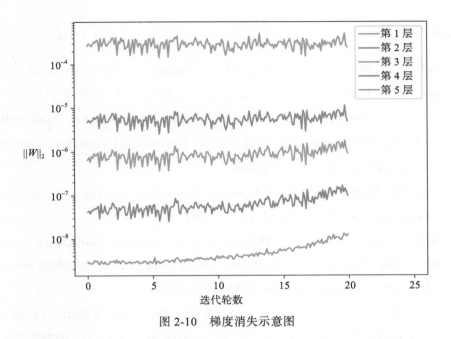

图 2-10 梯度消失示意图

另一个问题是,由于维度过高,深度神经网络模型也常常存在很多鞍点,鞍点指的是在该处梯度为 0(如图 2-11 中的 b 图所示),但是它并不是最小值或者最大值,通常鞍点带来的挑战比局部最优要大得多。当处于鞍点区域并且误差较大时,由于这部分区域相对"平坦",梯度值较小,模型收敛速度将受到极大影响,给人造成一种陷入局部最优的假象。

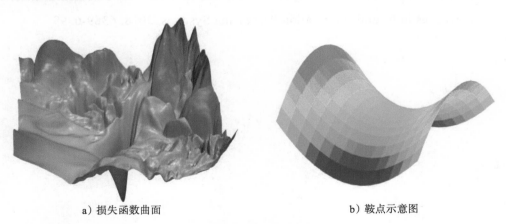

a)损失函数曲面   b)鞍点示意图

图 2-11 损失函数可视化结果[8]

2.5 参考文献

[1] McCulloch W S, Pitts W. A logical calculus of the ideas immanent in nervous activity [J]. The bulletin of mathematical biophysics, 1943, 5(4): 115-133.

[2] Nair V, Hinton G E. Rectified linear units improve restricted boltzmann machines[C]//Proceedings of the 27th international conference on machine learning (ICML-10). 2010: 807-814.

[3] Maas A L, Hannun A Y, Ng A Y. Rectifier nonlinearities improve neural network acoustic models[C]//Proc. icml. 2013, 30(1): 3.

[4] He K, Zhang X, Ren S, et al. Delving deep into rectifiers: Surpassing human-level performance on imagenet classification[C]//Proceedings of the IEEE international conference on computer vision. 2015: 1026-1034.

[5] Clevert D A, Unterthiner T, Hochreiter S. Fast and accurate deep network learning by exponential linear units (elus)[J]. arXiv preprint arXiv:1511.07289, 2015.

[6] Rumelhart D E, Hinton G E, Williams R J. Learning representations by back-propagating errors[J]. Cognitive modeling, 1988, 5(3): 1.

[7] Kawaguchi K. Deep learning without poor local minima[C]//Advances in neural information processing systems. 2016: 586-594.

[8] Li H, Xu Z, Taylor G, et al. Visualizing the loss landscape of neural nets[C]//Advances in Neural Information Processing Systems. 2018: 6389-6399.

第 3 章

卷积神经网络

卷积神经网络（Convolutional Neural Network，CNN 或 ConvNet）是一种具有局部连接、权值共享等特点的深层前馈神经网络，在图像和视频分析领域，比如图像分类、目标检测、图像分割等各种视觉任务上取得了显著的效果，是目前应用最广泛的模型之一。

3.1 卷积与池化

卷积与池化是卷积神经网络中的两个核心操作，大多数的神经网络结构都是将它们进行组合而得到的。本节将详细阐述卷积的来源和原理，以及池化的基本概念。

3.1.1 信号处理中的卷积

卷积一词源于信号处理领域，它是一项广泛应用于信号处理、图像处理以及其他工程科学领域的技术。卷积的一个典型应用是：针对某个线性时不变的系统，给定输入信号 $f(\tau)$ 和系统响应 $g(\tau)$，求系统的输出。

卷积的数学定义如式（3.1）所示：

$$(f * g)(t) = \int_{-\infty}^{\infty} f(\tau)g(t-\tau)\mathrm{d}\tau \tag{3.1}$$

如果根据图 3-1 来直观地理解这个计算过程，就是函数 $g(\tau)$ 经过翻转和平移 t 后，得到 $g(t-\tau)$，再求与函数 $f(\tau)$ 乘积的积分。

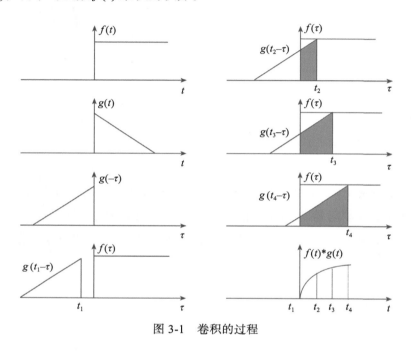

图 3-1　卷积的过程

1. 图像中的卷积

我们以图像为例来直观地理解卷积。计算机中的图像通常都是按照像素点以离散的形式存储的，可以用一个二维或者三维的矩阵来表示。假设对于一个二维的图像 $X \in R^{H \times W}$，卷积核为 $G \in R^{k \times k}$，通常 k 为奇数，二维离散卷积的计算方式如式（3.2）所示：

$$Y_{m,n} = \sum_{i=-\lfloor \frac{k}{2} \rfloor}^{\lfloor \frac{k}{2} \rfloor} \sum_{j=-\lfloor \frac{k}{2} \rfloor}^{\lfloor \frac{k}{2} \rfloor} X_{m-i,n-j} G_{i,j} \tag{3.2}$$

直观理解上述卷积过程，就是先将卷积核旋转 $180°$，然后在输入中的对应位置取出一个大小为 $k \times k$ 的区域，与旋转后的卷积核求内积，得到对应位置的输出。

在传统的图像处理中，卷积核通常是人为设定的，不同的卷积核可以提取输入中的某种特征，得到不同的输出。图 3-2 展示了两种不同的卷积核 Sobel 和 Laplacian，它们都可以用于提取图像的边缘，但 Laplacian 是一个二阶的算子，而 Sobel 是一个一阶的算子，因此应用它们得到的边缘检测效果有明显的差异。也就是说，不同的卷积核可以提取到不一样的特征。

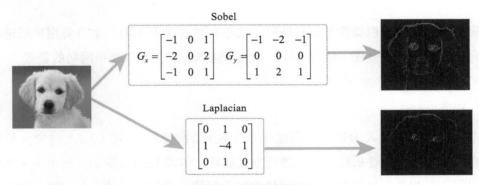

图 3-2　使用卷积进行图像边缘检测

2. 卷积的意义

在信号处理中，卷积有一个很重要的定理——卷积定理。这个定理应用非常广泛，在信号处理中有着举足轻重的地位。它的意义在于可以将时域中复杂的卷积运算转换为频域中简单的相乘运算，即

$$(f * g)(t) \Leftrightarrow F(w)G(w) \tag{3.3}$$

要理解卷积定理，还需要先知道傅里叶变换。傅里叶变换是将时域中的数据转换到频域中的一种方法，它将函数分解为一系列不同频率的三角函数的叠加，可以将它理解为从另一个维度去观察数据。曾有人这样比喻傅里叶变换：如果把图像比作一道做好的菜，那么傅里叶变换可以找出这道菜的具体配料及各种配料的用量，不管这道菜的具体制作过程如何，它都可以清晰地分辨出来。

将图像和卷积核都变换到频域中，变换后，卷积核作为一个滤波器，对变换后的频域图像进行处理，当卷积核对应的滤波器是一个低通滤波器时，进行图像处理时会

过滤掉一些较高的频率，如果将经过滤波器后的频域图像变换回像素空间，我们就会
看到一些细节丢失了，这是因为高频对应着剧烈变化的区域，也就是图像的边缘、细
节等。

3.1.2   深度学习中的卷积操作

深度学习中的卷积操作与信号处理中的卷积概念稍有不同，本节将用单通道卷积
为例介绍卷积的计算过程，然后将其扩展到多通道卷积，它是卷积网络的基础。

1. 单通道卷积

先以单通道的输入为例介绍深度学习中使用的卷积，与式（3.2）的定义稍有不
同，在深度学习中，卷积核不需要进行显式翻转，如式（3.4）所示，这个定义在信号
处理中称为互相关，但是由于卷积网络中的卷积核是通过自动学习得到的，因此这样
的定义并不会给输出带来影响，本书后面的内容都是使用这种定义。

$$H_{m,n} = \sum_{i=-\lfloor \frac{k}{2} \rfloor}^{\lfloor \frac{k}{2} \rfloor} \sum_{j=-\lfloor \frac{k}{2} \rfloor}^{\lfloor \frac{k}{2} \rfloor} X_{m+i,n+j} G_{i,j} \tag{3.4}$$

下面以一个具体的例子来介绍该过程。如图 3-3 所示，假设输入 X 是一个 5×5 大
小的矩阵，与一个大小为 3×3 的卷积核进行卷积计算，得到输出结果。以 X 的第 1
行第 1 列的元素为中心，计算出它对应的结果，如式（3.5）所示：

$$\begin{bmatrix} 2 & 3 & 5 \\ 0 & 0 & 1 \\ 3 & 3 & 2 \end{bmatrix} \bullet \begin{bmatrix} 0 & 1 & 0 \\ 2 & 0 & 1 \\ 1 & 1 & 2 \end{bmatrix} = 14 \tag{3.5}$$

图像处理中使用的卷积核是人工确定的，深度学习中的卷积核参数是可训练的，
通过使用第 2 章中介绍的反向传播和优化算法，可以动态地调节卷积核参数，3.2 节
中将详细讨论这个问题。

如 3.1 节中所介绍的，每个卷积核提取输入的某种特征，为了增加特征的丰富程
度，我们常常会使用多个卷积核，即 $G = \{G^0, G^1, \cdots, G^{C'-1}\}$，$G^i \in R^{k \times k}$，将输入与每个

卷积核得到的多个结果拼接起来。对于以 $X_{m,n}$ 为中心的局部区域，卷积得到的是向量 $H_{m,n} = [H_{m,n,0}, H_{m,n,1}, \cdots, H_{m,n,C'-1}]$，其中的每一个元素都是与对应的卷积核计算得到的结果。将结果拼接起来，卷积核可以用一个三维的张量表示，即 $G \in R^{k \times k \times C'}$，输出结果为 $H \in R^{H' \times W' \times C'}$，我们称卷积得到的输出为特征图（feature map）。

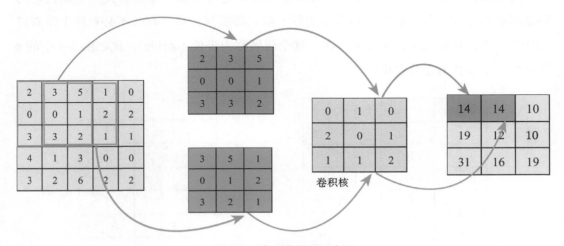

图 3-3　单通道卷积示意图

在图 3-3 所示的例子中，输入维度在卷积之后减小了，这个问题是由输入的边界导致的，卷积的起始位置无法取到输入的每一个位置。这会带来以下两个问题：

▲ 当进行多次卷积运算后，输出的尺寸会越来越小；

▲ 越是边缘的像素点，对于输出的影响越小，因为卷积运算在移动到边缘的时候就结束了。中间的像素点会参与多次计算，但是边缘的像素点可能只会参与一次运算，这就导致了边缘信息的丢失。

为了解决上述问题，通常对边缘使用 0 值进行填充（padding），使得边缘处的像素值也能进行计算，从而使得输入维度与输出维度保持一致。填充值的大小指的是进行填充的数量，如 padding=1，表示在输入的外层填充一圈 0，如图 3-4 中的 a 图所示。这样输入的维度实际上变成了 $(W + 2, H + 2)$。一般来说，当 padding=p 时，输入的维度实际上变成了 $(W + 2P, H + 2P)$。

为了让卷积之后的特征图与输入的长和宽保持一致，需要填充多少 0 值呢？ 0 值的多少实际上与卷积核的形状相关，对于长和宽都为 k 的卷积核，需要取 $P = \lfloor k/2 \rfloor$，方能使得输入的形状与输出的长宽一致。

输出的特征图的大小不仅仅与 padding 有关，还与卷积的方式有关。上面讨论的都是标准的卷积操作，也就是输入中的每个位置都参与计算，有时不必对每个位置进行计算，可以每隔几个位置计算一次，这个间隔称为步长（stride），比如图 3-4 中的 b 图就是一个步长为 2 的卷积示意图。

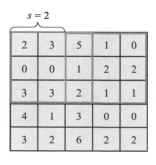

a）padding = 1　　　　　　　　b）stride = 2

图 3-4　Padding 和 stride 示意图

2. 多通道卷积

前面介绍了单通道卷积，将其进行扩展就可以得到多通道卷积。假设输入 $X \in R^{H \times W \times C}$，$C$ 表示通道（channels）数，卷积核的长宽都为 k。由于输入有多个通道，因此我们赋予每个通道一个 $k \times k$ 的卷积核，这些卷积核构成 $G^{c'} \in R^{k \times k \times C}$，这样多通道卷积可以定义为式（3.6）：

$$H_{m,n,c'} = \sum_{i=-\lfloor \frac{k}{2} \rfloor}^{\lfloor \frac{k}{2} \rfloor} \sum_{j=-\lfloor \frac{k}{2} \rfloor}^{\lfloor \frac{k}{2} \rfloor} X_{m+i,n+j,:} \cdot G^{c'}_{i,j,:} \qquad (3.6)$$

其中 $X_{m+i,n+j,:} \in R^C$，$G^{c'}_{i,j,:} \in R^C$，$H_{:,:,c'} \in R^{H' \times W'}$。

多通道卷积的过程如图 3-5 所示，可以把这个过程看作一个 3D 的卷积核滑过输入层。需要特别注意的是，输入层和卷积核有相同的深度，这样卷积核只需要在高和宽两个方向上移动，这也是该种操作被称为 **2D** 卷积的原因，尽管它使用的是三维滤波器。在每一个滑动位置，通过张量点积运算得到一个特征图上对应位置的值，最后得到一个单通道输出。

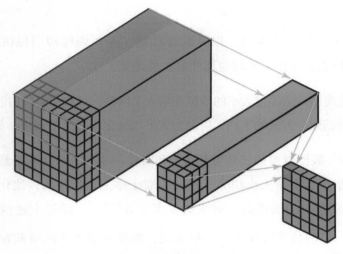

图 3-5　多通道卷积过程

像单通道卷积一样，多通道卷积使用多个卷积核来提取更丰富的特征，这样卷积核 G 的维度为 $R^{k \times k \times C \times C'}$，$C'$ 表示卷积核的个数，将输入与每个卷积核的结果拼接在一起，得到多通道卷积的输出 $H \in R^{H' \times W' \times C'}$。

卷积完成后，通常会为每个特征图加一个偏置，如式（3.7）所示：

$$H_{m,n,c'} = b_{c'} + \sum_{i=-\lfloor\frac{k}{2}\rfloor}^{\lfloor\frac{k}{2}\rfloor} \sum_{j=-\lfloor\frac{k}{2}\rfloor}^{\lfloor\frac{k}{2}\rfloor} X_{m+i,n+j,:} \cdot G_{i,j,:}^{c'} \qquad (3.7)$$

这就是深度学习中卷积的完整过程。总结一下，对于输入 $H \in R^{H \times W \times C}$，与卷积核 $R^{k \times k \times C \times C'}$ 进行卷积运算，再加上偏置，将会得到输出 $H \in R^{H' \times W' \times C'}$，该过程中引入的参数为卷积核与偏置，参数总量为：$k^2 \times C \times C' + C'$。

在单通道卷积中我们讲过，卷积核大小、填充和步长都会影响卷积输出的维度。假设输入维度为 $H \times W \times C$，卷积核的大小为 k，填充值为 p，步长为 s，输出的特征图

为 $H' \times W' \times C'$，那么它们之间的关系可以通过式（3.8）给定，W' 的计算方式也相同：

$$H' = \frac{H + 2p - k}{s} + 1 \qquad (3.8)$$

3.1.3 池化

池化操作的主要目的是降维，以降低计算量，并在训练初期提供一些平移不变性[1]。常用的两种池化操作是平均池化和最大值池化。

池化操作就是使用一个固定大小的滑窗在输入上滑动，每次将滑窗内的元素聚合为一个值作为输出。根据聚合方式的不同，可以分为平均池化和最大值池化，如图 3-6 所示。

滑窗的大小 k（假设滑窗的长和宽相等）和滑动的步长 s 都会影响最终的输出。通常取 $k = 2 \times 2$，步长与滑窗大小相等，$s = 2$。对于多通道的输入，池化是逐通道进行的，因此不会改变输入的通道数。对于输入 $X \in R^{H \times W \times C}$，经过上述池化操作后，输出为 $H \in R^{\frac{H}{2} \times \frac{W}{2} \times C}$，它的长宽将减半。一般来说，对于任意大小的滑动窗口和步长，可以使用式（3.8）进行计算。

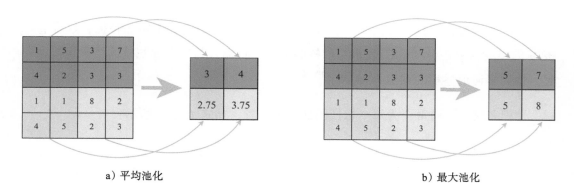

a）平均池化   b）最大池化

图 3-6 平均池化与最大池化过程示意图

3.2 卷积神经网络

卷积神经网络是通过将卷积层与池化层进行堆叠得到的。本节将以一个具体的结构为例讲解卷积神经网络，然后介绍卷积神经网络的特点，以及如何理解卷积神经网络。

3.2.1　卷积神经网络的结构

我们以 AlexNet[2] 为例介绍卷积神经网络的结构。AlexNet 是由深度学习的奠基者 Hinton 和他的学生 Alex Krizhevsky 设计的，于 2012 年获得了 ImageNet 竞赛的冠军，比第二名的错误率降低了 10% 以上，轰动一时，也由此开启了深度学习的爆发阶段。AlexNet 可以说是深度卷积神经网络的鼻祖，相比之前的一些卷积神经网络，它最显著的特点是层次更深、参数规模更大。

AlexNet 由 5 个卷积层、2 个池化层、3 个全连接层组成。受限于当时的硬件条件，单个 GPU 上无法运行这种规模的模型，因此作者将模型进行了拆分并分别放在两个 GPU 上运行，为了方便介绍，我们将结构进行了融合，如图 3-7 所示，下面我们来看每一层的具体情况。

输入层：是 $224 \times 224 \times 3$ 大小的图像。

第一层：卷积层，卷积核大小为 11×11，输出为 96 个特征图，输入为 3 个通道，卷积核的维度为 $R^{11 \times 11 \times 3 \times 96}$，同时滑动步长 stride=4，填充 padding=2，那么输出的特征图大小可以通过式（3.8）计算得到，如式（3.9）所示，因此输出的特征图为 $H^{(1)} \in R^{55 \times 55 \times 96}$。卷积之后使用 ReLU 激活函数。

$$H^{(1)} = W^{(1)} = \left\lfloor \frac{224 + 2 \times 2 - 11}{4} \right\rfloor + 1 = 55 \tag{3.9}$$

第二层：池化层，使用的是最大值池化，其中池化窗口大小为 3×3，步长为 2，使用与卷积类似的方式，可以计算得到输出大小为 $(55–3)/2 + 1 = 27$，因此池化层输出为 $H^{(2)} \in R^{27 \times 27 \times 96}$。

第三层：卷积层，卷积核大小为 5×5，输出 256 个特征图，因此卷积核的维度为 $R^{5 \times 5 \times 96 \times 256}$，滑动步长 stride=1，填充 padding=2，输出的特征图为 $H^{(3)} \in R^{27 \times 27 \times 256}$。同样，卷积之后使用 ReLU 激活函数。

第四层：最大值池化，窗口大小为 3×3，步长为 2，输出为 $H^{(4)} \in R^{13 \times 13 \times 256}$。

第五到第七层：都是卷积层，其中卷积核大小为 3×3，输出的特征图分别为 384、384、256，滑动步长 stride=1，填充 padding=1，因此第七层输出 $H^{(7)} \in R^{13 \times 13 \times 256}$。同之前的结构，卷积之后都使用 ReLU 激活函数。

第八层：池化层，窗口大小为 3×3，步长为 2，输出为 $H^{(8)} \in R^{6 \times 6 \times 256}$。

最后三层：全连接层，将卷积的输出 $H^{(8)} \in R^{6 \times 6 \times 256}$ 展平，得到全连接层的输入维度为 R^{9216}，三层全连接的神经元个数为 4096、4096、1000。最终得到 1000 维的输出用于图像分类。

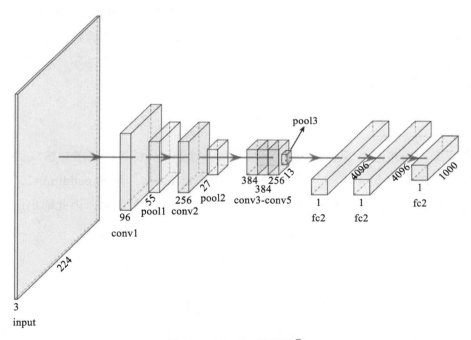

图 3-7   AlexNet 结构图

对于 AlexNet 来说，除了设计了这样的结构之外，还提出了两个重要的改进：第一，用 ReLU 作为激活函数，以解决梯度消失的问题，这在第 2 章中已经介绍过；第

　　⊖   图片是通过 https://github.com/HarisIqbal88/PlotNeuralNet 生成的。

二，使用 Dropout 机制来防止过拟合。Dropout 是在训练时随机地将特征图的部分位置置 0，相当于丢弃部分信息，强迫模型基于剩下的特征进行正确的推断，以学习到更加鲁棒和具有判别性的特征。

卷积神经网络的结构一般可以分为两个部分：一部分是由卷积层和池化层交替堆叠构成的骨干网络，它主要用于从输入中提取丰富的特征；另一部分是全连接层，它将卷积得到的特征图展平，也就是说丢弃了特征图的空间信息，它的主要作用是聚合全局信息并将其映射到输出空间，比如 AlexNet 就是用于分类。一般的卷积结构也是由这两部分构成的。3.4 节中将介绍更多的改进结构。

3.2.2 卷积神经网络的特点

卷积神经网络具有以下 3 个特点：局部连接、权值共享、层次化表达。

（1）局部连接

由于图像通常具有局部相关性，因此卷积计算每次只在与卷积核大小对应的区域进行，也就是说输入和输出是局部连接的。如果使用多层感知器来处理图像，一种简单的思路是将多维度的输入图像变换为一个向量并作为多层感知器的输入，对于大小为 $224 \times 224 \times 3$ 的图像，拉平为一个向量作为输入将会需要 150528 个神经元。如果第一个隐藏层神经元数量为 32，那么将会引入 480 万个参数，这么大的参数量会带来两个问题：第一，计算复杂度高；第二，有过拟合的风险。如果使用 3×3 的卷积核，输出的通道数为 32，引入的参数量在 1000 以下，远远小于多层感知器需要的参数。

卷积操作与生物学上的一些概念很类似，在神经系统中，神经元通常只响应一部分的刺激信号，比如视网膜受到光的刺激，向视觉皮层传递信号，通常只有一部分视觉皮层神经元会响应这个信号，这种机制称为局部感知。对于卷积来说也是一样的，连续使用两层 3×3 卷积的，它的输出仅与 5×5 大小的输入区域有关，如图 3-8 所示。这个区域称为感知野，它指的是特征图上一个输出与多大区域的输入有关，在深度卷积神经网络中，有效的感知野通常比这个区域更小。

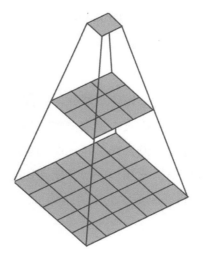

图 3-8　感知野示意图

（2）权值共享

卷积的第二个特征是权值共享。在图像中，不同的区域使用相同的卷积核参数，这一方面减少了参数量，另一方面带来了平移不变性。平移不变性指的是不管输入如何平移，总能够得到相同的输出。比如，对于左右两只完全相同的眼睛，使用相同的卷积核，在眼睛对应的区域进行卷积，都能够输出相同的结果，这是由权值共享机制带来的。另外，池化也带来了一些平移不变性，比如最大值池化，因为它是对感知野的信息使用最大值进行聚合，当输入在感知野内变化时，池化层的输出也不会改变。

（3）层次化表达

卷积网络的第三个特征是可以学到层次化的表达。卷积网络通过卷积层堆叠得到，每一层都是对前一层进行变换，提取的特征从低层次到高层次，逐渐变得抽象。如图3-9 所示，低层次的卷积一般是提取一些简单的特征，比如颜色、边缘、角等，它的感知野相对较小，对应的都是局部性特征；中间层次的卷积得到的特征开始变得抽象，比如纹理结构等；高层次的卷积得到的特征更加抽象，与图像的语义、具体包含的目标相关，由于它的感知野更大，因此它是更加全局性的特征。高层次的特征是在低层级特征的基础上得到的，通常来说，低层次的特征更加通用，高层次的特征与具体的任务关联性更强。

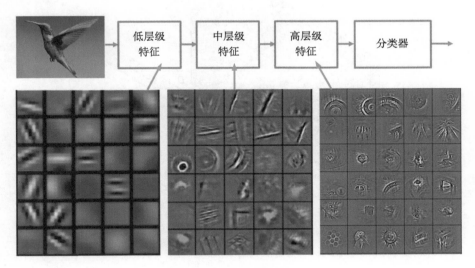

图 3-9　层次化表达示意图 [3]

3.3　特殊的卷积形式

除了 3.1 节中介绍的标准的卷积方式，还有一些特殊的卷积在各种任务中被提出，本节介绍几种常用的其他卷积形式。

3.3.1　1×1 卷积

1×1 卷积，顾名思义，该卷积核的大小为 1。它是在论文 [4] 中被提出来的，并被后来的一些模型采用。1×1 卷积的过程如图 3-10 所示，与前面介绍的卷积操作没有本质区别。

读者或许会好奇，1×1 卷积有用吗？通常 1×1 卷积有以下功能：一是用于信息聚合，同时增加非线性，1×1 卷积可以看作是对所有通道的信息进行线性加权，即信息聚合，同时，在卷积之后可以使用非线性激活，可以一定程度地增加模型的表达能力；二是用于通道数的变换，可以增加或者减少输出特征图的通道数。

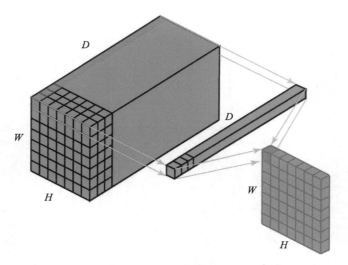

图 3-10　1×1 卷积示意图

3.3.2　转置卷积

转置卷积（Transposed Convolution）[5]，它是语义分割任务中必不可少的模块。语义分割指的是对图像在像素级别上进行分类，属于同一类别的像素通常对应着某个目标，如图 3-11 所示，其中属于人的像素需要分类为同一类别，属于小鹿部分的像素需要分类为同一类别。

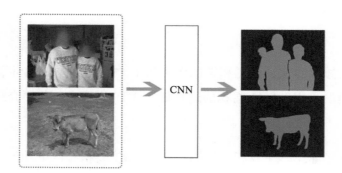

图 3-11　语义分割⊖

⊖　图片来源 https://ccvl.jhu.edu/datasets/。

基于 CNN 的语义分割模型通常都由两部分组成，一部分是编码器，用于将原始的输入图像映射到某个低维的特征空间中，它既需要编码目标的特征信息，也要编码位置信息，以正确地预测每个像素位置的类别。另一部分是解码器，它将编码的低维特征映射回像素空间，以对每个像素的具体类别进行判断。解码器部分我们无法使用前面介绍的标准卷积，因为前面的卷积操作不会使得特征图的长宽维度增加，而转置卷积则相反，它可以完成长宽维度的增加，将编码的低维特征逐步映射回像素空间。

如图 3-12 中的 a 图所示，假设输入是 2×2，卷积核大小为 3×3，转置卷积相当于在输入外补充了两圈 0 元素，然后再进行标准卷积，得到了 4×4 的输出。与卷积类似，转置卷积也可以设置填充 padding 和步长 stride，但与卷积中的意义不太相同。对于步长为 s，卷积核大小为 k 的转置卷积，在进行计算时将默认在输入四周填充 $k{-}1$ 圈 0，而设置的 padding，将会影响最后填充的大小，具体的填充值由 $k{-}1{-}p$ 给出。对于步长 s，它是在卷积元素之间插入 $s{-}1$ 个 0，如图 3-12 中的 b 图所示。输入为 2×2，$p = 0$，步长 $s = 2$，卷积之后得到输出为 5×5。

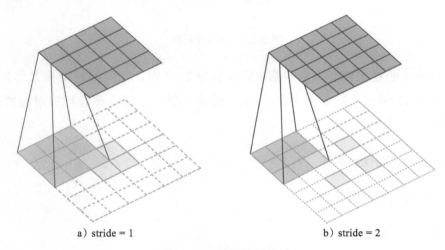

a）stride = 1   b）stride = 2

图 3-12 转置卷积示例

对于转置卷积中输入维度、卷积核大小、填充以及步长与输出维度的关系，可以通过式（3.10）来确定：

$$H' = s(H-1)-2p + k \qquad (3.10)$$

3.3.3 空洞卷积

空洞卷积（Dilated Convolution）[6] 通过在卷积核元素之间插入空格来"扩张"卷积核，其中有个超参数用于控制扩张的程度，称为空洞率 r（dilation rate），指的是在卷积核中间插入 $r-1$ 个 0，因此对于原先大小为 k 的卷积核，在使用空洞卷积之后实际的卷积核大小变为 $k + (k-1)(r-1)$。由于卷积核扩大，感知野也会扩大。因此空洞卷积是一种不增加参数量而可以快速扩大感知野的有效方式。

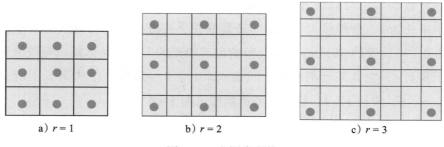

a) $r = 1$ b) $r = 2$ c) $r = 3$

图 3-13 空洞卷积核

对于 $k = 3$ 的卷积核，当空洞率 r 值分别为 2，3 时，实际的卷积核大小分别为 5 和 7，如图 3-13 所示。对于大小为 3×3 的输出区域，上述三种卷积核对应的感知野大小分别为：

当 $r = 1$ 时，感受野是 5；

当 $r = 2$ 时，感受野是 7；

当 $r = 3$ 时，感受野是 9。

当堆叠多层空洞卷积组成的层时，感知野会迅速扩大，以获得更多的局部信息。

3.3.4　分组卷积

分组卷积最早是在 AlexNet 中出现的，当时训练 AlexNet 时卷积操作不能全部放在同一个 GPU 中进行处理，因此作者把特征图分给了多个 GPU 来处理，最后再把多个 GPU 的处理结果融合，这实际上就是分组卷积。下面我们通过举例来说明。

如图 3-14 所示，将输入沿着深度方向划分为 g 组，每一组由 C_1/g 个通道构成，同样，对于输出通道也进行类似的拆分，得到 g 组，每一组有 C_2/g 个输出通道，将输入的分组与输出的分组对应起来，分别使用卷积进行计算。这样，对每一组卷积来说，需要的卷积核维度为 $R^{k \times k \times \frac{C_1}{g} \times \frac{C_2}{g}}$，即每组中卷积核的深度由原来的 C_1 变成了 C_1/g，卷积核的个数也变成了 C_2/g 个，而不是原来的 C_2 个了。用每组的卷积核同它对应组的输入卷积，得到输出以后，再拼接起来，最终输出的通道仍旧是 C_2 个。也就是说，我们可以并行计算 g 个相同的卷积过程。使用的参数量将变为 $(k \times k \times C_1/g \times C_2/g) \times g$，即参数量相比标准卷积将减少 g 倍。

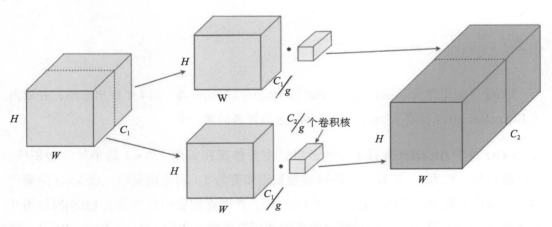

图 3-14　分组卷积的处理过程

3.3.5　深度可分离卷积

深度可分离卷积由两部分组成 [7]，一部分是沿着深度的逐层卷积，另一部分是

1×1 卷积。沿着深度的逐层卷积是分组卷积的一种特殊情况，当 $g = C_1 = C_2$ 时，它相当于为每一个输入通道设定了一个卷积核分别进行卷积。由于这种卷积只利用了单个输入通道的信息，即只使用了空间位置上的信息，而没有使用通道间的信息，因此，其后通常使用 1×1 卷积来增加通道间的信息。

深度可分离卷积相比较于标准卷积，不仅减少了参数量，而且可以降低计算量、提高运算效率，因此这类卷积通常用于对速度有要求的卷积结构设计中，在 MobileNet[8]、ShuffleNet[9] 等模型上都有应用。

3.4　卷积网络在图像分类中的应用

短短几年间，深度学习在计算机视觉领域取得了令人瞩目的成绩。各种图像分类模型相继被提出，从 AlexNet 到 VGG，从 GoogleNet v1 到 v4，再到后来的 ResNet、DenseNet 等，不断地变化，不断地刷新成绩。这一节，我们介绍其中几种典型的图像分类框架。

3.4.1　VGG

VGG[10] 是牛津大学视觉组（Visual Geometry Group）在 2014 年提出来的，并取得了 ImageNet 2014 比赛分类组的第二名和定位任务的第一名。

VGG 基于 AlexNet 进行了一些改进，主要体现在采用了 3×3 的小尺寸卷积核，并且卷积的步长为 1，这样得到的两层卷积感知野为 5，与直接使用一层 5×5 的卷积相比，参数量更少。另外，它去掉了 LRN 层，作者在实验中发现其实 LRN 的作用并不是很大。VGG 还有一个结构特点是重复使用简单的卷积块（Convolution Block）来堆叠得到模型，它的基础卷积块为两层或多层卷积加上一层池化层。

VGG 有两个常用的模型 VGG16 和 VGG19，其中 VGG16 的结构如图 3-15 所示。VGG16 与 VGG19 的差别在于某些基础块中的卷积层数不一样。VGG 由于其结构简洁、效果较好，直到现在也常常被用作其他任务的骨干网络。

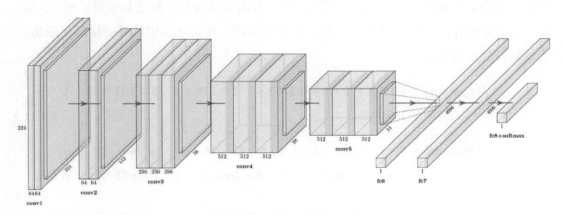

图 3-15 VGG16 的网络结构

3.4.2 Inception 系列

取得 ImageNet 2014 分类任务的最好成绩的是谷歌提出的 GoogleNet，该网络的核心结构是 Inception 块，与 VGG 构建的基础块不同，Inception 块使用了多分支及不同尺度的卷积核。Inception 结构也经过了多次优化，得到了几个不同的版本。

1. Inception V1

Inception V1[11] 首次使用了并行的结构。如图 3-16 所示，每个 Inception 块使用多个大小不同的卷积核，这与传统的堆叠式网络每层只用一个尺寸的卷积核的结构完全不同。Inception 块的多个不同的卷积核可以提取到不同类型的特征，同时，每个卷积核的感知野也不一样，因此可以获得多尺度的特征，最后再将这些特征拼接起来。

如果单纯地引入多个尺寸的卷积核会引入大量的参数，耗费大量的计算资源，为了降低计算成本，可以采用的改进方式是在 3×3 卷积和 5×5 卷积之前引入 1×1 卷积，以降低输入的通道数，另外在池化层之后也使用 1×1 卷积进行降维，改进后的 Inception 块如图 3-17 所示。我们来对比一下改进前与改进后的参数量变化，忽略掉偏置项，输入输出的通道数如图 3-17 所示，改进前需要的参数量如式（3.11）所示，改进后需要的参数量如式（3.12）所示，可以看出改进前的参数量是改进后的 2.3 倍，并且改进前池化层的输出通道数与输入通道数相同，与其他卷积结果拼接后，输出的通道数将会急剧增大。

$$
\begin{aligned}
\#param1 &= 1 \times 1 \times 192 \times 64 + 3 \times 3 \times 192 \times 128 + 5 \times 5 \times 192 \times 32 \\
&= 387072
\end{aligned}
\tag{3.11}
$$

$$
\begin{aligned}
\#param2 &= 1 \times 1 \times 192 \times 64 + 1 \times 1 \times 192 \times 96 + 3 \times 3 \times 96 \times 128 \\
&\quad + 1 \times 1 \times 192 \times 16 + 5 \times 5 \times 16 \times 32 + 1 \times 1 \times 192 \times 32 \\
&= 163328
\end{aligned}
\tag{3.12}
$$

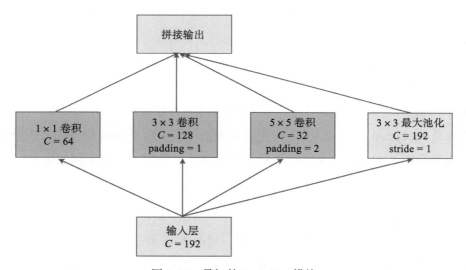

图 3-16　最初的 Inception 模块

GoogleNet 用 Inception 块构成堆叠，另外为了缓解梯度消失问题，在网络的中间部分加入了辅助分类器。

2. Inception V2

Inception V2[12] 主要针对 Inception V1 的卷积核设计进行改进，将大尺寸的卷积进行分解，以减少参数量，降低计算复杂度。

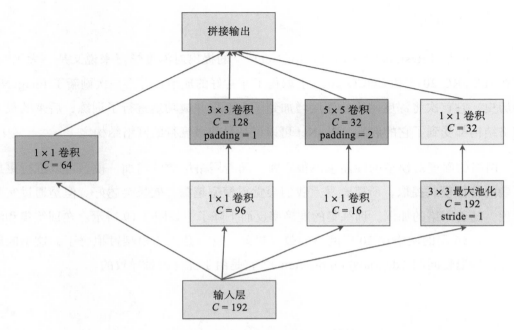

图 3-17 改进后的 Inception V1 模块

具体来说，将 5×5 卷积用两个 3×3 卷积进行代替，这样在不改变感知野大小的情况下使用的参数量会更少，如图 3-18 中的图 a 所示，与 VGG 的思路类似。另外，对于某些 $n×n$ 卷积，提出使用一个 $1×n$ 卷积和一个 $n×1$ 卷积来代替，将原来用 $n×n$ 卷积一次性提取横向和纵向的信息解耦开来，先提取横向的信息，然后进行纵向的交叉，如图 3-18 中的图 b 所示。这种方式减少了参数，降低了过拟合的风险，同时增加了一层非线性层，一定程度上也扩展了模型的表达能力。

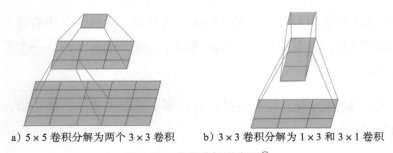

a）5×5 卷积分解为两个 3×3 卷积   b）3×3 卷积分解为 1×3 和 3×1 卷积

图 3-18 卷积分解示意图⊖

⊖ 图片来源：https://arxiv.org/pdf/1512.00567.pdf。

3.4.3 ResNet

残差网络（Residual Network，ResNet）[13] 的提出对深度学习来说又是一大飞跃。它在 ILSVRC 2015 和 COCO 2015 上取得了非常好的成绩，并再一次刷新了 ImageNet 的历史。它首次将深度网络的深度增加到了上百层并成功地进行了训练，后来的很多网络结构都受到了它的启发。ResNet 可以说是目前最流行的网络结构之一。

网络的深度对模型的性能来说很重要，随着网络层数的增加，模型可以进行更加复杂的特征模式提取，所以直观上我们会觉得模型越深，效果会越好。但是通过实验发现，随着网络的加深，训练集的准确率反而下降了，如图 3-19 所示。在训练集和测试集上，56 层的网络比 20 层网络的效果更差，这不是因为模型过拟合了，这个问题称为模型退化问题（degradation problem），它是由于优化困难导致的。

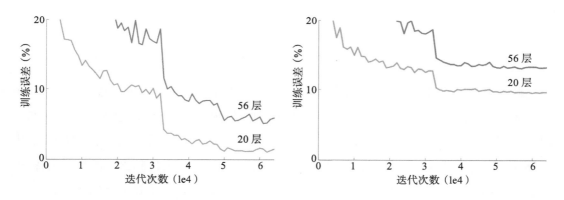

图 3-19　20 层网络和 56 层网络在 CIFAR-10 上的误差 [13]

残差网络从网络结构上进行改进以解决上述问题，它在一个块的输入和输出之间引入一条直接的通路，这条通路称作跳跃连接（skip connection）。一个典型的残差块如图 3-20 所示。

输入为 H_{i-1}，输出为 H_i，假设经过的卷积等变换用 F 表示，那么输入和输出的关系如式（3.13）所示：

$$H_i = H_{i-1} + F(H_{i-1}) \qquad (3.13)$$

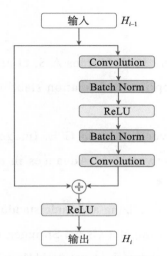

图 3-20　ResNet 网络模型

　　跳跃连接的引入使得信息的流通更加顺畅，表现在以下两个方面：一是在前向传播时，将输入与输出的信息进行融合，能够更有效地利用特征；二是在反向传播时，总有一部分梯度通过跳跃连接反传到输入上，这缓解了梯度消失的问题。

　　此外，研究 [14] 表明深度残差网络结构上可以看作多个浅层结构的集成。研究 [15] 表明使用跳跃连接的网络在损失函数的曲面上更平滑，训练优化更加容易，得到的模型泛化性能更好，如图 3-21 所示。

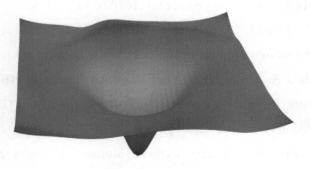

图 3-21　带跳跃连接结构的损失曲面 [15]

　　基于残差网络的思想，出现了很多的改进模型，比如将跳跃连接用到极致的 DenseNet[16]，融合了残差结构的 Inception-ResNet[17]。

3.5　参考文献

[1]　Ruderman A, Rabinowitz N C, Morcos A S, et al. Pooling is neither necessary nor sufficient for appropriate deformation stability in CNNs[J]. arXiv preprint arXiv:1804.04438, 2018.

[2]　Krizhevsky A, Sutskever I, Hinton G E. Imagenet classification with deep convolutional neural networks[C]//Advances in neural information processing systems. 2012: 1097-1105.

[3]　Zeiler M D, Fergus R. Visualizing and understanding convolutional networks[C]// European conference on computer vision. Springer, Cham, 2014: 818-833.

[4]　Lin M, Chen Q, Yan S. Network in network[J]. arXiv preprint arXiv:1312.4400, 2013.

[5]　Zeiler M D, Krishnan D, Taylor G W, et al. Deconvolutional networks[C]//2010 IEEE Computer Society Conference on computer vision and pattern recognition. IEEE, 2010: 2528-2535.

[6]　Yu F, Koltun V. Multi-scale context aggregation by dilated convolutions[J]. arXiv preprint arXiv:1511.07122, 2015.

[7]　Chollet F. Xception: Deep learning with depthwise separable convolutions, arXiv preprint (2016)[J]. arXiv preprint arXiv:1610.02357, 2016.

[8]　Howard A G, Zhu M, Chen B, et al. Mobilenets: Efficient convolutional neural networks for mobile vision applications[J]. arXiv preprint arXiv:1704.04861, 2017.

[9]　Zhang X, Zhou X, Lin M, et al. Shufflenet: An extremely efficient convolutional neural network for mobile devices[C]//Proceedings of the IEEE Conference on Computer Vision and Pattern Recognition. 2018: 6848-6856.

[10]　Simonyan K, Zisserman A. Very deep convolutional networks for large-scale image recognition[J]. arXiv preprint arXiv:1409.1556, 2014.

[11]　Szegedy C, Liu W, Jia Y, et al. Going deeper with convolutions[C]//Proceedings of the IEEE conference on computer vision and pattern recognition. 2015: 1-9.

[12] Szegedy C, Vanhoucke V, Ioffe S, et al. Rethinking the inception architecture for computer vision[C]//Proceedings of the IEEE conference on computer vision and pattern recognition. 2016: 2818-2826.

[13] He K, Zhang X, Ren S, et al. Deep residual learning for image recognition[C]// Proceedings of the IEEE conference on computer vision and pattern recognition. 2016: 770-778.

[14] Veit A, Wilber M J, Belongie S. Residual networks behave like ensembles of relatively shallow networks[C]//Advances in neural information processing systems. 2016: 550-558.

[15] Li H, Xu Z, Taylor G, et al[C]//Advances in Neural Information Processing Systems. 2018: 6389-6399.

[16] Huang G, Liu Z, Van Der Maaten L, et al. Densely connected convolutional networks[C]//Proceedings of the IEEE conference on computer vision and pattern recognition. 2017: 4700-4708.

[17] Szegedy C, Ioffe S, Vanhoucke V, et al. Inception-v4, inception-resnet and the impact of residual connections on learning[C]//Thirty-First AAAI Conference on Artificial Intelligence. 2017.

## 第 4 章

表 示 学 习

何为表示？通俗地理解就是特征，在第 2 章机器学习流程中，提到机器学习的第一步是从数据中提取特征，模型效果的好坏很大程度上取决于所提取特征的质量。如果有一类方法可以自动地从数据中去学习"有用"的特征，并可以直接用于后续的具体任务，这类方法统称为表示学习。

4.1 表示学习

4.1.1 表示学习的意义

机器学习算法的性能严重依赖于特征，因此在传统机器学习中，大部分的工作都在于数据的处理和转换上，以期得到好的特征使得机器学习算法更有效。这样的特征工程是十分费时费力的，这也暴露了传统机器学习方法中存在的问题，这些方法没有能力从数据中去获得有用的知识，而特征工程的目的则是将人的先验知识转化为可以被机器学习算法识别的特征，以弥补其自身的缺点。

如果存在一种可以从数据中得到有判别性特征的方法，就会减少机器学习算法对特征工程的依赖，从而更快更好地将机器学习应用到更多的领域，这就是表示学习的价值。那么对于表示学习来说，要回答以下 3 个问题：

（1）如何判断一个表示比另一个表示更好？

（2）如何去挖掘这些表示？

（3）使用什么样的目标去得到一个好的表示？

什么是好的表示？这个问题没有固定的标准。通常来说，一个好的表示首先要尽可能地包含更多数据的本质信息，并且这个表示能直接服务于后续的具体任务。计算机看到的事物与人眼里看到的事物是不一样的。比如对于图像来说，计算机看到的是一个个像素点，这是最原始的数据，单独去关注这些像素点本身能获得的信息是很少的，而人在判断图像内容的时候，会通过一些高层的抽象语义特征来判断，这之间的差距称为语义鸿沟，它指的是低层次特征与高层次抽象特征之间的差异，如图 4-1 所示。而一个好的表示需要尽可能地描述一些高层次的抽象特征，以便后续的模型可以高效地利用这个特征，减小后续模型的"压力"，否则，以原始数据或者偏低层次的特征作为后续模型的输入，对于后续模型来说运行起来就会非常困难。因此一个好的表示应该尽可能地减小这个语义鸿沟，提供一些高层次的有价值的特征。

图 4-1　语义鸿沟示意图

4.1.2　离散表示与分布式表示

在机器学习中，对一个对象的表示有两种常见的方式。最简单且不需要学习的方式是独热向量编码（one-hot），它将研究的对象表示为向量，这个向量只在某个维度上值是 1，其余维度上值全为 0，可以想象有多少种类型，这个向量的长度就有多长。比如要用这种方式去将中文汉字向量化，假设所有的中文汉字有 N 个，要想通过这种方式去表示这些汉字，那么每个字都需要一个 N 维的向量，总共需要 $N \times N$ 大小的矩阵才能覆盖所有的汉字。在自然语言处理中，词袋模型就是以此为基础构建的。

而分布式表示[1]则不同，它是通过某种方式得到一个低维稠密的向量来表示研究对象，最典型的例子就是颜色。我们知道任何一种颜色都可以通过红、黄、蓝 3 种颜色混合得到，在计算机中也通常使用 RGB 方式将颜色表示为一个三元组，RGB 构成的色彩空间可以用图 4-2 表示，比如用 RGB 表示粉色、浅粉色、深粉色分别为 （255,182,193）（255,192,203）（255,20,147）。而如果要用独热向量来表示这些颜色，对于 256 级的 RGB 来说，总共有约 1678 万种色彩（$256^3 = 16777216$），那么独热向量就需要 16777216 维，其中只有某个位置上值为 1，数据是非常高维且稀疏的。

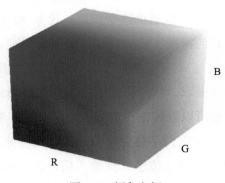

B

G

R

图 4-2　颜色空间

独热向量非常简单，只需要列出所有可能的值就可以得到，不需要学习过程。但是它的缺点也是非常明显的，它假设所有对象都是相互独立的。在向量空间中，所有对象的向量都是相互正交的，那么它们两两之间的相似度为 0，也就是说，这些对象之间没有任何关系。但现实生活中却不是这样，比如上面提到粉色和浅粉色，它们都属于粉色系，那么它们之间的相似度应该比粉色与黑色之间的相似度更高，但是独热向量并不能表现出这一点，它丢失了大量的语义信息。此外，独热向量的维度可能会非常高并且非常稀疏，直接使用的话也非常困难。

而分布式表示则表现出很好的性质。一方面，分布式表示的维度可以很低，用三维就可以表示 1678 万种颜色，能有效解决数据稀疏问题。另一方面，它能保留一些语义信息，比如可以计算出粉色与浅粉色和深粉色之间的余弦相似度分别为 99.97% 和 89.39%，而与黑色 [RGB 为（0,0,0）] 的相似度为 0，这与我们的认知是一致的，也就是说分布式表示可以包含语义的特征，这也是分布式表示在很多领域都有应用的原因所在。

4.1.3　端到端学习是一种强大的表示学习方法

深度学习的模型不同于传统的机器学习模型，比如对于图像分类任务来说，传统机器学习需要人工提取一些描述性的特征，比如 SIFT 特征，即前面提到的特征工程，然后使用分类器进行图像类别的判断，模型性能的好坏很大程度上取决于所提取特征的好坏。而使用卷积神经网络可以解决这个问题，比如 AlexNet，它以原始图像作为输入，而不是特征工程得到的特征，输出直接是预测的类别，这种学习方式称为端到端学习（end-to-end learning）。对于上述的例子，我们可以这么理解，卷积网络的前面部分主要是完成自动特征提取，然后将提取的特征送入到分类器中进行分类，换句话说，卷积网络的前面部分可以看作是在进行表示学习，即端到端学习可以看作是表示学习与任务学习的组合，但它们不是完全分裂的。具体来说，它们是联合优化的，反向传播算法将误差从输出层向前传递直到输入层，优化算法动态地调节模型参数，使得模型可以自动提取到与任务相关的判别性特征，这显示出了深度学习模型相比于其他方法的优越性。

深度学习模型的另一个优势是能够学习到数据的层次化表达，这也是一个好的表示需要具备的性质。如 3.2 节介绍的卷积神经网络不同深度的层可以提取到不同层次的表示，低层的卷积主要提取低层次的特征，高层的卷积主要提取抽象的、与任务相关的特征。深度学习模型是层与层的堆叠，每一层都是可训练的，它将输入的特征变换为更抽象的特征，位于低层的变换得到基础的特征，是构成高层抽象特征的基础，这与字、句子、文章之间的关系类似，字构成词，词构成句，句构成文章。因此对于低层次的特征来说，它们更加通用（general feature），而高层次的特征则与具体的任务相关。可以基于深度学习的这个特性进行迁移学习，迁移学习指的是将已经学习过的知识迁移到新的问题中去，深度学习在该方面的一个典型应用是微调，即以在其他数据集上训练好的模型为基础，在新的数据集上再进行调整。比如很多视觉相关的任务都是采用在 ImageNet 上预训练的模型，固定住一些卷积层，不对它们进行梯度更新，因为它们提取的都是通用的特征，只对高层的结构进行一些修改，比如改变输出层的维度以适应不同类别数的分类问题，然后使用新的数据调整模型。

表示学习的任务通常是学习这样一个映射：$f{:}X \to R^d$，即将输入映射到一个稠密的低维向量空间中。在接下来的两节我们将介绍两种典型的表示学习方法，一种是基于重构损失的方法；一种是基于对比损失的方法。

4.2　基于重构损失的方法——自编码器

深度学习的优势在于自动学习特征，卷积神经网络利用图像标签进行监督，可以学习到有判别性的特征以对图像进行分类，它将表示学习与任务学习结合起来，是一种有监督学习。自编码器也是一种表示学习模型，但它不是利用标签信息进行监督，而是以输入数据为参考，是一种无监督的学习模型，它可以用于数据降维和特征提取。

4.2.1　自编码器

自编码器是基于深度学习模型进行表示学习的典型方法，它的思路非常简单，就是将输入映射到某个特征空间，再从这个特征空间映射回输入空间进行重构。从结构上看，它由编码器和解码器组成，编码器用于从输入数据中提取特征，解码器用于基于提取的特征重构出输入数据。在训练完成后，使用编码器进行特征提取。这种编码 – 解码的思想在很多深度学习模型中都有体现。

最简单的自编码器由 3 层组成：1 个输入层、1 个隐藏层、1 个输出层，如图 4-3 所示，其中从输入层到隐藏层的输出部分称为编码器，从隐藏层输出到输出层部分称为解码器。给定输入 $x \in R^n$，假设从输入层到隐藏层的变换矩阵为 $W_{enc} \in R^{d \times n}$，$d$ 为隐藏层的神经元数目，编码器如式（4.1）所示，编码后的特征为 $h \in R^d$。解码器将

编码特征 $\boldsymbol{h}$ 映射回输入空间，得到重构的输入 $\tilde{\boldsymbol{x}}$，假设从隐藏层到输出层的编码矩阵为 $W_{dec} \in R^{n \times d}$，如式（4.2）所示：

$$\boldsymbol{h} = \sigma(W_{enc}\boldsymbol{x} + \boldsymbol{b}_{enc}) \tag{4.1}$$

$$\tilde{\boldsymbol{x}} = \sigma(W_{dec}\boldsymbol{h} + \boldsymbol{b}_{dec}) \tag{4.2}$$

自编码器不需要额外的标签信息进行监督学习，它是通过不断最小化输入和输出之间的重构误差进行训练的，基于损失函数（4.3），通过反向传播计算梯度，利用梯度下降算法不断优化参数 W_{enc}、W_{dec}、$\boldsymbol{b}_{enc}$、$\boldsymbol{b}_{dec}$。

$$L = \frac{1}{N}\sum_i \left\| \boldsymbol{x}_i - \tilde{\boldsymbol{x}}_i \right\|_2^2 \tag{4.3}$$

自编码器的结构不局限于只有一个隐藏层的全连接网络，一般来说，编码器和解码器可以是更复杂的模型，分别用 f 和 g 表示，损失函数可以表示为式（4.4），其中 N 为样本数量。

$$L = \frac{1}{N}\sum_i \left\| \boldsymbol{x}_i - g(f(\boldsymbol{x}_i)) \right\|_2^2 \tag{4.4}$$

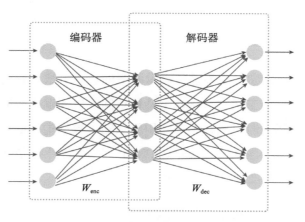

图 4-3　自编码器结构示意

我们希望通过训练编码器得到数据中的一些有用特征，最常用的一种方法是通过限定 $\boldsymbol{h}$ 的维度比 $\boldsymbol{x}$ 的维度小，即 $d<n$，符合这种条件的编码器称为欠完备自编码器。

这种自编码器在一定的条件下可以得到类似于主成分分析（PCA）的效果。使用非线性的编码器和解码器可以得到更强大的效果。

4.2.2　正则自编码器

如果我们放宽上述对于编码器维度的限制，允许编码器的维度大于或者等于输入的维度，即 $d \geq n$，这种编码器称为过完备自编码器。如果对于过完备自编码器不加任何限制，那么有可能不会学习到数据的任何有用信息，而仅仅是将输入复制到输出，导致这个问题的本质原因不是维度约束的变化，而是当我们赋予编码器和解码器过于强大的"能力"时，自编码器会倾向于直接将输入拷贝到输出，而不会从数据中提取到有价值的特征。因此，我们常常会对模型进行一些正则化的约束，下面介绍几种常见的正则化自编码器。

1. 去噪自编码器

不同于上面介绍的原始自编码器，去噪自编码器[2] 的改进在于在原始输入的基础上加入了一些噪声作为编码器的输入，解码器需要重构出不加噪声的原始输入 x，通过施加这个约束，迫使编码器不能简单地学习一个恒等变换，而必须从加噪的数据中提取出有用信息用于恢复原始数据。

具体的做法是随机将输入 x 的一部分值置 0，这样就得到了加了噪声的输入 x_δ 作为编码器的输入，解码器需要重构出不带噪声的数据 x，因此损失函数为：

$$L = \frac{1}{N} \sum_{i=1}^{N} \| x - g(f(x_\delta)) \| \tag{4.5}$$

2. 稀疏自编码器

除了给输入加噪，还可以通过在损失函数上加入正则项使得模型学习到有用的特征。假设隐藏层使用 Sigmoid 激活函数，我们认为当神经元的输出接近于 1 时，它是比较"活跃"的，当输出接近于 0 时，它是不"活跃"的。稀疏编码器就是以限制神经元的活跃度来约束模型的，尽可能使大多数的神经元都处于不活跃的状态。

我们定义一个神经元的活跃度为它在所有样本上取值的平均值，用 $\hat{\rho}_i$ 表示。我们限制 $\hat{\rho}_i = \rho_i$，ρ_i 是一个超参数，表示期望的活跃度，通常是一个接近于 0 的值。通过对与 ρ_i 偏离较大的神经元进行惩罚，就可以得到稀疏的编码特征。这里我们选择使用相对熵作为正则项，如式（4.6）所示。

$$L_{\text{sparse}} = \sum_{j=1}^{d} \rho \log \frac{\rho}{\hat{\rho}_j} + (1-\rho) \log \frac{1-\rho}{1-\hat{\rho}_j} \tag{4.6}$$

相对熵可以量化地表示两个概率分布之间的差异。当两个分布相差越大时，相对熵值越大；当两个分布完全相同时，相对熵值为 0。加上稀疏项的惩罚后，损失函数变为：

$$L = L(\boldsymbol{x}_i, g(f(\boldsymbol{x}_i))) + \lambda L_{\text{sparse}} \tag{4.7}$$

其中 λ 是调节重构项和稀疏正则项的权重。

4.2.3　变分自编码器

变分自编码器[3]可以用于生成新的样本数据，它与传统的自编码器有很大的不同，本节我们将介绍变分自编码器的原理，并将它与传统自编码器进行对比。

1. 变分自编码器的原理

变分自编码器的本质是生成模型，它假设我们得到的样本都是服从某个复杂分布 $P(x)$ 即 $x \sim P(X)$，生成模型的目的就是要建模 $P(X)$，这样我们就可以从分布中进行采样，得到新的样本数据。比如对图像来说，可以将每个像素点看作一个随机变量，这些像素点可能相互依赖，生成模型的目标就是要建模这些依赖关系以生成样本。

一般来说，每个样本都可能受到一些因素的控制，比如对于手写数字，需要决定写什么数字、数字的大小、笔画的粗细等，这些因素称为隐变量。假设有多个隐变

量，用向量 z 表示，概率密度函数为 $p(z)$，同时，有这样一个函数 $f(z; \theta)$，它可以把 $p(z)$ 中采样的数据 z 映射为与 X 比较相似的样本数据，即 $p(X|z)$ 的概率更高。引入隐变量后通过式（4.8）求解 $p(X)$ 的分布，这里有两个问题需要考虑，一是如何选定隐变量 z；另一个是如何计算积分。

$$p(X) = \int_z p(x|z)p(z)\mathrm{d}z \tag{4.8}$$

对于隐变量 z 的选择，变分编码器假设 z 的每个维度都没有明确的含义，而仅仅要求 z 方便采样，因此假设 z 服从标准正态分布 $z \sim N(0, I)$。而 $p(x|z)$ 的选择常常也是正态分布，它的均值为 $f(z; \theta)$，方差为 $\sigma^2 I$，其中 σ 是一个超参数。

$$p(x|z) = \mathrm{N}(f(z; \theta), \sigma^2 I) \tag{4.9}$$

为什么上述假设就是合理的呢？实际上任意一个 d 维的复杂分布都可以通过对 d 维正态分布使用一个复杂的变换得到，因此，给定一个表达能力足够强的函数，可以将服从正态分布的隐变量 z 映射为模型需要的隐变量，再将这些隐变量映射为 x。

但是对于大部分的 z，都不能生成与 x 相似的样本，即 $p(x|z)$ 通常都接近于 0，这对于估计 $p(X)$ 没有任何意义，我们需要得到那种能够大概率生成比较像 x 的 z。这些 z 怎么得到呢？如果知道 z 的后验分布 $p(z|x)$，就可以通过 x 推断得到。变分自编码器引入了另一个分布 $q(z|x)$ 来近似后验分布 $p(z|x)$。现在的问题是 $E_{z \sim q(z|x)}[p(x|z)]$ 与 $p(x)$ 的关系是怎么样的呢？下面我们来计算 $q(z|x)$ 和 $p(z|x)$ 的 KL 距离，如式（4.10）所示：

$$D_{\mathrm{KL}}[q(z|x)\,\|\,p(z|x)] = E_{z \sim q(z|x)}[\log q(z|x) - \log p(z|x)] \tag{4.10}$$

然后使用贝叶斯公式展开，可以得到式（4.11），稍加整理就可以得到式（4.12）。

$$D_{\mathrm{KL}}[q(z|x)\,\|\,p(z|x)] = E_{z \sim q(z|x)}[\log q(z|x) - \log p(x|z) - \log p(z)] + \log p(x) \tag{4.11}$$

$$\log p(x) - D_{\mathrm{KL}}[q(z|x)\,\|\,p(z|x)] = E_{z \sim q(z|x)}[\log(p(x|z))] - D_{\mathrm{KL}}[q(z|x)\,\|\,p(z)] \tag{4.12}$$

式（4.12）是整个变分自编码器的核心，左边包含了我们要优化的目标 $p(x)$，

当我们选择的 $q(z \mid x)$ 表达能力足够强时，是可以近似表达 $p(z \mid x)$ 的，也就是说，$D_{\mathrm{KL}}[q(z \mid x) \parallel p(z \mid x)]$ 是一个趋近于 0 的数。右边第一项实际上就是一个解码器，将基于输入 x 得到的最有可能生成相似样本的隐变量采样出来，通过解码器得到生成的样本，右边第二项是一个正则项。

前面假设 $p(x \mid z)$ 是正态分布，那么对于式（4.12）右边第一项，计算得到损失函数的第一部分重构损失，注意这里取负号是由于使用梯度下降的方法进行优化，因此目标变为最小化 $-p(x)$。$f(z; \theta)$ 可以使用神经网络来实现。

$$-\log p(x \mid z) = -\log \frac{1}{\prod\limits_{i=1}^{D} \sqrt{2\pi\sigma^2}} \exp\left(-\frac{(x - f(z;\theta))^2}{2\sigma^2}\right) \qquad (4.13)$$

$$= \frac{1}{2\sigma^2}(x - f(z;\theta))^2 + \mathrm{constant}$$

对于 $q(z \mid x)$ 的选择，我们也假设服从正态分布，它的各分量相互独立，如式（4.15）所示，那么可以得到损失函数的第二部分正则项。

$$q(z \mid x) = \frac{1}{\prod\limits_{i=1}^{d} \sqrt{2\pi\sigma_i^2(x)}} \exp\left(-\frac{(z - \mu(x))^2}{2\sigma^2(x)}\right) \qquad (4.14)$$

$$D_{\mathrm{KL}}[q(z \mid x) \parallel p(z)] = \frac{1}{2} \sum_{i=1}^{d} \left(\mu_{(i)}^2(x) + \sigma_{(i)}^2(x) - \ln\sigma_{(i)}^2(x) - 1\right) \qquad (4.15)$$

根据上述原理，可以得出变分自编码器的结构，如图 4-4 所示。

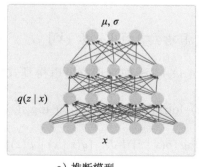
a）推断模型

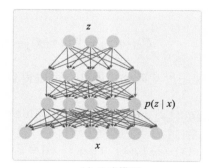
b）生成模型

图 4-4　变分自编码器结构示意图

现在还有个问题是隐变量 z 是通过采样得到的，而采样这个操作是不可导的，无法进行反向传播，我们使用一个称为重参数化的技巧解决这个问题，具体来说就是，先从正态分布 $N(0, I)$ 中采样得到 ε，隐变量 z 通过计算得到：$z = \varepsilon\mu(x) + \sigma(x)$，这样就解决了反向传播的问题。

2. 与自编码器对比

从变分自编码器的结构和损失函数来看，它与传统自编码器比较类似，但是本质上它们是不同的，前文介绍的自编码器是一种无监督的表示学习方法，而变分自编码器本质上是生成模型。虽然传统的自编码器有解码器部分，但是我们无法任意给定一个隐藏层特征就通过解码器得到有意义的输出，导致这个问题的原因在于传统自编码器的隐空间不是连续的，它是由一个个样本点的编码构成，对于没有样本编码的地方，由于解码器没有见过这种隐藏层特征，因此当任意给定隐藏层向量时，解码器无法给出有意义的输出。变分自编码器则不同，它的出发点就是要建模样本的分布 $p(x)$，因此当训练完成后，只使用解码器就可以生成样本。

4.3 基于对比损失的方法——Word2vec

在自然语言处理中，如何表示一个词是非常重要的。在 Word2vec 出现之前，常用的方法，比如独热向量编码、词袋模型、基于词的上下文构建的共现矩阵等，都不可避免地有维度过高、稀疏性等问题。Word2vec 模型将词嵌入到一个向量空间中，用一个低维的向量来表达每个词，语义相关的词距离更近，解决了传统方法存在的高维度和数据稀疏等问题。本节将介绍词向量的动机，并从对比损失的视角来推导 Skip-gram 模型。

词向量模型——Skip-gram

Word2vec[4] 是 2013 年由 Tomas Mikolov 提出的，其核心思想是用一个词的上下文去刻画这个词。从这个思想出发，我们可以得到两种不同的模型。一个是给定某个中心词的上下文去预测该中心词，这个模型称为 CBow；另一个是给定一个中心词，去预测它的上下文词，这个模型称为 Skip-gram。下面我们以 Skip-gram 为例，介绍如何进行建模以得到我们需要的词向量。

给定一个语料库，它可以由多篇文档组成，为了简化，假设该语料库可以表示为一个序列 $C = \{w_1, w_2, \cdots, w_N\}$，语料库的长度为 N，单词的词表为 V，$w_i \in V$。Skip-gram 模型是使用中心词去预测其上下文词，这里定义上下文词为以中心词为中心的某个窗口内的词，假设窗口大小为 $2m + 1$。给定中心词，要能够正确地预测上下文词，即我们希望在给定某个中心词的条件下，输出词为上下文的概率最大。

以如图 4-5 所示的一句话为例，选择 $m = 2$，考查中心词"网络"，它的上下文为{"图"，"神经"，"有"，"非常"}，我们可以构造这样的单词对 [（"图"，"网络"），（"神经"，"网络"），（"有"，"网络"），（"非常"，"网络"）]，我们称这种由中心词及其上下文词构成的单词对为正样本，记为 D，由中心词与其非上下文词构成的单词对为负样本，记为 $\overline{D}$，比如（"网络"，"应用"）。

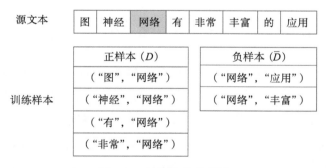

图 4-5　正负样本示意图

要想正确地根据中心词预测上下文词，那么我们可以最大化正样本中的单词对作为上下文出现的概率，同时最小化负样本中单词对作为上下文出现的概率，以此构造目标函数。具体来说，对正负样本定义标签，如式（4.16）所示，其中 w_c 表示中心词。

$$\text{label} = \begin{cases} y = 1 \ \text{if} (w_c, w) \in D \\ y = 0 \ \text{if} (w_c, w) \in \overline{D} \end{cases} \tag{4.16}$$

我们的目的就是找到使得条件概率 $p(y = 1 \mid (w_c, w))$ 和 $p(y = 0 \mid (w_c, w))$ 最大化的参数 θ，如式（4.17）所示。

$$\theta^* = \arg\max \prod_{(w_c, w) \in D} p(y = 1 \mid (w_c, w)) \prod_{(w_c, w) \in \bar{D}} p(y = 0 \mid (w_c, w_{\text{neg}}); \theta) \tag{4.17}$$

这个问题就转化为一个二分类问题，给定任意两个词，判断它们是否是上下文词，因此，可以使用逻辑回归来建模这个问题。引入两个矩阵 $U \in R^{|D| \times d}$，$V \in R^{|D| \times d}$ 它们中的每一行都代表着一个词，在模型训练完成后，它们就是包含语义表达的词向量。U、V 分别对应一个词作为中心词和上下文词两种角色下的不同表达。对于一个词 w，定义 U_w 表示它对应的词向量。那么可以将式（4.17）中的概率表达为式（4.18），其中 $\sigma(x)$ 表示 Sigmoid 函数：

$$p(y \mid (w_c, w)) = \begin{cases} \sigma(U_{w_c} \cdot V_w) & \text{if } y = 1 \\ 1 - \sigma(U_{w_c} \cdot V_w) & \text{if } y = 0 \end{cases} \tag{4.18}$$

联合式（4.17）与（4.18），取对数，可以得到式（4.19），这就是 Skip-gram 的目标函数：

$$\begin{aligned} L &= -\sum_{(w_c, w) \in D} \log \sigma(U_{w_c} V_w) - \sum_{(w_c, w) \in \bar{D}} \log(1 - \sigma(U_{w_c} V_w)) \\ &= -\sum_{(w_c, w) \in D} \log \sigma(U_{w_c} V_w) - \sum_{(w_c, w) \in \bar{D}} \log \sigma(-U_{w_c} V_w) \end{aligned} \tag{4.19}$$

上式一方面增大正样本的概率，另一方面减小负样本的概率，我们注意到增大正样本的概率实际上是在增大 $U_{w_c} \cdot V_w$，即中心词与上下文词的内积，也就是它们之间的相似度。也就是说，最小化式（4.19）实际上会使得中心词与上下文词之间的距离更小，而与非上下文词之间的距离更大，通过这种方式作为监督信号指导模型学习，收敛之后，参数矩阵 U、V 就是我们需要的词向量，通常我们使用 U 作为最终的词向量。

这种构建正负样本，并最大化正样本之间的相似度、最小化负样本之间的相似度的方式是表示学习中构建损失函数的一种常用思路，这类损失我们统称为对比损失（contrastive loss）[5]，它将数据及其邻居在输入空间中的邻居关系在特征空间中仍然保留下来。上述的 Skip-gram 模型的邻居定义为某个词的上下文词，在其他任务中可能会有不同的定义，比如在人脸识别中，正样本可以定义为同一个体在不同条件下的人脸图像，负样本定义为不同个体的人脸图像，通过对比损失进行优化以学习到具有判别性的特征用于人脸识别。

负采样

通常来说负样本的数量远比正样本的数量要多得多，比如对于中心词而言，在词表中只有少数的单词能与它构成正样本，因此在计算式（4.19）时，当词表规模达到百万级时，后面一项对负样本的计算将成为瓶颈。负采样[6-8]技术就是利用采样的方式来降低计算量，它在我们无法计算所有的负样本或者计算代价过高时，提供了一种降低计算复杂度的方法。使用负采样技术后，对于中心词 w_c 来说，损失函数变为式（4.20）：

$$-\log \sigma(U_{w_c} V_w) - \sum_{i=1}^{n} \log \sigma(-U_{w_c} V_{\text{NEG}(w_c)_i}) \qquad (4.20)$$

其中 $\text{NEG}(w_c)$ 表示采样得到的与 w_c 构成负样本的词集合，通过负采样将负样本的计算复杂度从 $O(|V|)$ 降至 $O(n)$，其中 $n \ll |V|$。在采样时不是使用均匀采样，而是采用以词频为权重的带权采样，可以证明，这种采样方式优化的不仅是词向量的内积，更是词向量的互信息[9, 10]，因此通常以这种方式得到的词向量效果更好。

词向量可视化

我们将学习到的词向量降维到二维空间进行可视化，可以看到语义相关或相近的词之间的距离更近，而语义差别较大的词相距更远，如图 4-6 中的 a 图所示。另外，我们发现一个有意思的现象，某些词向量之间存在着一定的平移不变性，如图 4-6 中的 b 图所示。它们可以进行近似的运算，比如男人 – 女人≈国王 – 王后，这些现象都说明了词向量捕捉到了这个词的语义信息。

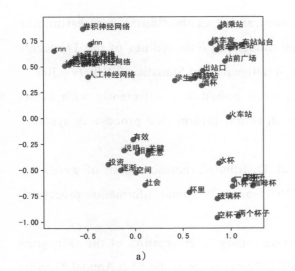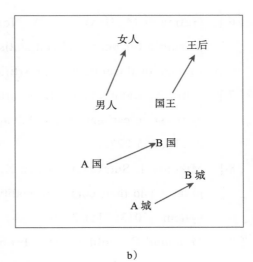

图 4-6 词向量可视化

4.4 参考文献

[1] Bengio Y, Courville A, Vincent P. Representation learning: A review and new perspectives[J]. IEEE transactions on pattern analysis and machine intelligence, 2013, 35(8): 1798-1828.

[2] Vincent P, Larochelle H, Bengio Y, et al. Extracting and composing robust features with denoising autoencoders[C]//Proceedings of the 25th international conference on Machine learning. ACM, 2008: 1096-1103.

[3] Kingma D P, Welling M. Auto-encoding variational bayes[J]. arXiv preprint arXiv:1312.6114, 2013.

[4] Mikolov T, Chen K, Corrado G, et al. Efficient estimation of word representations in vector space[J]. arXiv preprint arXiv:1301.3781, 2013.

[5] Hadsell R, Chopra S, LeCun Y. Dimensionality reduction by learning an invariant mapping[C]//2006 IEEE Computer Society Conference on Computer Vision and Pattern Recognition (CVPR'06). IEEE, 2006, 2: 1735-1742.

[6] Gutmann M, Hyvärinen A. Noise-contrastive estimation: A new estimation principle for unnormalized statistical models[C]//Proceedings of the Thirteenth International Conference on Artificial Intelligence and Statistics. 2010: 297-304.

[7] Mnih A, Kavukcuoglu K. Learning word embeddings efficiently with noise-contrastive estimation[C]//Advances in neural information processing systems. 2013: 2265-2273.

[8] Mikolov T, Sutskever I, Chen K, et al. Distributed representations of words and phrases and their compositionality[C]//Advances in neural information processing systems. 2013: 3111-3119.

[9] Melamud O, Goldberger J. Information-theory interpretation of the skip-gram negative-sampling objective function[C]//Proceedings of the 55th Annual Meeting of the Association for Computational Linguistics (Volume 2: Short Papers). 2017: 167-171.

[10] Hjelm R D, Fedorov A, Lavoie-Marchildon S, et al. Learning deep representations by mutual information estimation and maximization[J]. arXiv preprint arXiv:1808.06670, 2018.

## 第 5 章

图信号处理与图卷积神经网络

图信号处理（Graph Signal Processing，GSP）[1] 是离散信号处理（Discrete Signal Processing，DSP）理论在图信号领域的应用，其通过对傅里叶变换、滤波等信号处理基本概念的迁移，来研究对图信号的压缩、变换、重构等信号处理的基础任务。

图信号处理与图卷积模型密不可分：一方面，理解图信号处理对于了解图卷积模型的定义和演变有十分重要的帮助；一方面，图信号处理也为图卷积模型的理论研究提供了十分实用的工具。

本章的脉络十分自然，我们将看到图信号处理的基本理论是如何延伸到图卷积神经网络中去的。首先，我们给出了图信号的基本定义，紧接着介绍图傅里叶变换，并由此引出图信号频率的定义。然后，我们介绍图信号上的滤波操作，紧接着介绍卷积滤波与图卷积模型的关系。其中还穿插了比较重要的两部分内容：一是对图信号的频域与空域的理解；二是对图信号处理的频域与空域的理解。另外，由于本章的定义和公式较多，为了帮助读者更好地理解这些内容，在本章的第一节和最后一节分别准备了矩阵计算的前置知识和图卷积神经网络的实战内容。

5.1 矩阵乘法的三种方式

由于本章的公式以矩阵乘法为主，为了帮助大家更好地理解公式的推导过程，我们介绍下矩阵乘法的其他两种计算方式。

设两个矩阵 $A \in R^{K \times M}$，$B \in R^{M \times P}$，对于 $C = AB$，我们有如下 3 种计算方式：

（1）内积视角：将 A 视作一个行向量矩阵，将 B 视作一个列向量矩阵，则：

$$C_{ij} = A_{i,:}B_{:,j} \tag{5.1}$$

（2）行向量视角：将 B 视作一个行向量矩阵，将 A 视作系数矩阵，则：

$$C_{i,:} = \sum_{m}^{M} A_{im}B_{m,:} \tag{5.2}$$

（3）列向量视角：将 A 视作一个列向量矩阵，将 B 视作系数矩阵，则：

$$C_{:,j} = \sum_{m}^{M} B_{mj}A_{:,m} \tag{5.3}$$

举例来说，设 $A = \begin{bmatrix} 1 & -1 & 2 \\ 0 & 2 & 1 \end{bmatrix}$，$B = \begin{bmatrix} 2 & 0 \\ -1 & 1 \\ 0 & -1 \end{bmatrix}$，运用我们熟知的内积视角，可得

$C = \begin{bmatrix} 3 & -3 \\ -2 & 1 \end{bmatrix}$。

如果用行视角进行计算，我们以 C 的第一行计算过程为例：

$$
\begin{aligned}
\begin{bmatrix} 3 & -3 \end{bmatrix} &= \begin{bmatrix} 1 & -1 & 2 \end{bmatrix}\begin{bmatrix} 2 & 0 \\ -1 & 1 \\ 0 & -1 \end{bmatrix} \\
&= 1\begin{bmatrix} 2 & 0 \end{bmatrix} + (-1)\begin{bmatrix} -1 & 1 \end{bmatrix} + 2\begin{bmatrix} 0 & -1 \end{bmatrix} \\
&= \begin{bmatrix} 2 & 0 \end{bmatrix} + \begin{bmatrix} 1 & -1 \end{bmatrix} + \begin{bmatrix} 0 & -2 \end{bmatrix} \\
&= \begin{bmatrix} 3 & -3 \end{bmatrix}
\end{aligned}
$$

如果用列视角进行计算，我们以 C 的第一列计算过程为例：

$$
\begin{bmatrix} 3 \\ -2 \end{bmatrix} = \begin{bmatrix} 1 & -1 & 2 \\ 0 & 2 & 1 \end{bmatrix}\begin{bmatrix} 2 \\ -1 \\ 0 \end{bmatrix}
$$

$$= 2\begin{bmatrix} 1 \\ 0 \end{bmatrix} + (-1)\begin{bmatrix} -1 \\ 2 \end{bmatrix} + 0\begin{bmatrix} 2 \\ 1 \end{bmatrix}$$

$$= \begin{bmatrix} 2 \\ 0 \end{bmatrix} + \begin{bmatrix} 1 \\ -2 \end{bmatrix} + \begin{bmatrix} 0 \\ 0 \end{bmatrix}$$

$$= \begin{bmatrix} 3 \\ -2 \end{bmatrix}$$

上述两种新的矩阵计算视角除了对理解本章的公式推导大有益处之外，行视角的计算方式对理解空域图卷积的计算逻辑与意义也将有很大帮助，请读者留意。

5.2　图信号与图的拉普拉斯矩阵

给定图 $G = (V, E)$，V 表示图中的节点集合，假设其长度为 N，图信号是一种描述 $V \to R$ 的映射，表示成向量的形式：$\boldsymbol{x} = [x_1, x_2, \cdots, x_N]^{\mathrm{T}}$，其中 x_i 表示的是节点 v_i 上的信号强度，如图 5-1 所示，其中竖线长度表示节点上信号值的大小：

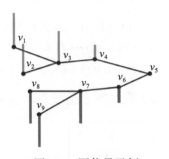

图 5-1　图信号示例

与离散时间信号不同，图信号是定义在节点上的信号，而节点之间有自己固有的关联结构。在研究图信号性质的时候，除了要考虑图信号的强度之外，还需要考虑图的拓扑结构，不同图上同一强度的信号，具有截然不同的性质。

拉普拉斯矩阵（Laplacian Matrix）是用来研究图的结构性质的核心对象，拉普拉斯矩阵的定义如下：$L = D - A$，D 是一个对角矩阵，$D_{ii} = \sum_j A_{ij}$ 表示的是节点 v_i 的度。拉普拉斯矩阵的元素级别定义如下：

$$L_{ij} = \begin{cases} \deg(v_i) & \text{if } i = j \\ -1 & \text{if } e_{ij} \in E \\ 0 & \text{otherwise} \end{cases} \quad (5.4)$$

拉普拉斯矩阵还有一种正则化的形式（symmetric normalized laplacian）$L_{\text{sym}} = D^{-1/2}LD^{-1/2}$，元素级别定义如下：

$$L_{\text{sym}}[i,j] = \begin{cases} 1 & \text{if } i = j \\ \dfrac{-1}{\sqrt{\deg(v_i)\deg(v_j)}} & \text{if } e_{ij} \in E \\ 0 & \text{otherwise} \end{cases} \quad (5.5)$$

拉普拉斯矩阵的定义来源于拉普拉斯算子，拉普拉斯算子是 n 维欧式空间中的一个二阶微分算子：$\Delta f = \sum_{i=1}^{n} \dfrac{\partial^2 f}{\partial x_i^2}$。如果将该算子的作用域退化到离散的二维图像空间，就成了我们非常熟悉的边缘检测算子，其作用原理如下：

$$\begin{aligned} \Delta f(x,y) &= \frac{\partial^2 f(x,y)}{\partial x^2} + \frac{\partial^2 f(x,y)}{\partial y^2} \\ &= [(f(x+1,y) - f(x,y)) - (f(x,y) - f(x-1,y))] \\ &\quad + [(f(x,y+1) - f(x,y)) - (f(x,y) - f(x,y-1))] \\ &= [f(x+1,y) + f(x-1,y) + f(x,y+1) + f(x,y-1)] - 4f(x,y) \end{aligned} \quad (5.6)$$

在处理图像的时候，式（5.6）中的算子会被表示成模板的形式：

$$\begin{bmatrix} 0 & 1 & 0 \\ 1 & -4 & 1 \\ 0 & 1 & 0 \end{bmatrix}$$

从模板中我们可以直观地看到，拉普拉斯算子描述了中心像素与局部上、下、左、右四邻居像素的差异，这种性质通常被用来当作图像上的边缘检测算子。

同理，在图信号中，拉普拉斯算子也被用来描述中心节点与邻居节点之间的信号的差异，这从式（5.7）中可以看出：

$$Lx = (D-A)x = \left[\cdots, \sum_{v_j \in N(v_i)} (x_i - x_j), \cdots \right] \tag{5.7}$$

由此可知，拉普拉斯矩阵是一个反映图信号局部平滑度的算子。更进一步来说，拉普拉斯矩阵可以让我们定义一个非常重要的二次型：

$$x^T Lx = \sum_{v_i} \sum_{v_j \in N(v_i)} x_i (x_i - x_j) = \sum_{e_{ij} \in E} (x_i - x_j)^2 \tag{5.8}$$

令 $TV(x) = x^T Lx = \sum_{e_{ij} \in E} (x_i - x_j)^2$，我们称 $TV(x)$ 为图信号的总变差（Total Variation）。总变差是一个标量，它将各条边上信号的差值进行加和，刻画了图信号整体的平滑度。

5.3 图傅里叶变换

傅里叶变换是数字信号处理的基石，傅里叶变换将信号从时域空间转换到频域空间，而频域视角给信号的处理带来了极大的便利。围绕傅里叶变换，信号的滤波、卷积等操作都有了完备的理论定义，这为一些实际的工程应用，如信号的去噪、压缩、重构等任务提供了理论指导。

类比傅里叶变换，我们给出图信号傅里叶变换的定义，即将图信号由空域（spatial domain）视角转化到频域（frequency domain）视角，便于图信号处理理论体系的建立。

假设图 G 的拉普拉斯矩阵为 $L \in R^{N \times N}$，由于 L 是一个实对称矩阵，根据实对称矩阵都可以被正交对角化[2]，可得：

$$L = V \Lambda V^T = \begin{bmatrix} \vdots & \vdots & \cdots & \vdots \\ v_1 & v_2 & \cdots & v_N \\ \vdots & \vdots & \cdots & \vdots \end{bmatrix} \begin{bmatrix} \lambda_1 & & & \\ & \lambda_2 & & \\ & & \ddots & \\ & & & \lambda_N \end{bmatrix} \begin{bmatrix} \cdots & v_1 & \cdots \\ \cdots & v_2 & \cdots \\ \cdots & \vdots & \cdots \\ \cdots & v_N & \cdots \end{bmatrix} \tag{5.9}$$

$V \in R^{N \times N}$ 是一个正交矩阵，即 $VV^T = I_\circ V = [v_1, v_2, \cdots, v_N]$ 表示 L 的 N 个特征向量，由于 V 是一个正交矩阵，这些特征向量都是彼此之间线性无关的单位向量。λ_k 表示第 k 个特征向量对应的特征值，我们对特征值进行升序排列，即 $\lambda_1 \leqslant \lambda_2 \cdots \leqslant \lambda_N$。

对于任意给定的向量 $\boldsymbol{x}$，拉普拉斯矩阵的二次型：$\boldsymbol{x}^{\mathrm{T}}L\boldsymbol{x} = \sum\limits_{e_{ij} \in E}(x_i - x_j)^2 \geq 0$，因此拉普拉斯矩阵是一个半正定型矩阵，其所有的特征值均大于等于 0。进一步，由式（5.7）可知：$LI = 0$，因此拉普拉斯矩阵具有最小的特征值 0，即 $\lambda_1 = 0$。另外可以证明 [3]，对于 L_{sym}，其特征值存在一个上限：$\lambda_N \leq 2$。

图傅里叶变换（Graph Fourier Transform，GFT）：对于任意一个在图 G 上的信号 $\boldsymbol{x}$，其图傅立叶变换为：

$$\tilde{x}_k = \sum_{i=1}^{N} V_{ki}^{\mathrm{T}} x_i = \langle \boldsymbol{v}_k, \boldsymbol{x} \rangle \qquad (5.10)$$

我们称特征向量为傅里叶基，$\tilde{x}_k$ 是 $\boldsymbol{x}$ 在第 k 个傅里叶基上的傅里叶系数。从定义式上可以看到，傅里叶系数本质上是图信号在傅里叶基上的投影，衡量了图信号与傅里叶基之间的相似度。用矩阵形式可计算出所有的傅里叶系数：

$$\tilde{\boldsymbol{x}} = V^{\mathrm{T}}\boldsymbol{x}, \tilde{\boldsymbol{x}} \in R^N \qquad (5.11)$$

由于 V 是一个正交矩阵，对上式左乘 V，则：$V\tilde{\boldsymbol{x}} = VV^{\mathrm{T}}\boldsymbol{x} = I\boldsymbol{x} = \boldsymbol{x}$，即：

$$\boldsymbol{x} = V\tilde{\boldsymbol{x}}, \boldsymbol{x} \in R^N \qquad (5.12)$$

于是我们可以将逆图傅立叶变换（Inverse Graph Fourier Transform，IGFT）定义为：

$$x_k = \sum_{i=1}^{N} V_{ki} \cdot \tilde{x}_i \qquad (5.13)$$

式（5.12）是一种矩阵形式的逆图傅里叶变换，如果将其展开成向量形式，则：

$$
\begin{aligned}
\boldsymbol{x} = V\tilde{\boldsymbol{x}} &= \begin{bmatrix} \vdots & \vdots & \cdots & \vdots \\ \boldsymbol{v}_1 & \boldsymbol{v}_2 & \cdots & \boldsymbol{v}_N \\ \vdots & \vdots & \cdots & \vdots \end{bmatrix} \begin{bmatrix} \tilde{x}_1 \\ \tilde{x}_2 \\ \vdots \\ \tilde{x}_N \end{bmatrix} \\
&= \tilde{x}_1 \boldsymbol{v}_1 + \tilde{x}_2 \boldsymbol{v}_2 + \cdots + \tilde{x}_N \boldsymbol{v}_N \\
&= \sum_{k=1}^{N} \tilde{x}_k \boldsymbol{v}_k
\end{aligned}
\qquad (5.14)
$$

由此可知，从线性代数的角度来看，$\boldsymbol{v}_1, \boldsymbol{v}_2, \cdots, \boldsymbol{v}_N$ 组成了 N 维特征空间中的一组完

备的基向量，图 G 上的任意一个图信号都可以被表征成这些基向量的线性加权。具体来说，权重就是图信号在对应傅里叶基上的傅里叶系数，这种对图信号的分解表示方法，给了我们一种全新的看待图信号的视角。这样的分解思路与离散信号处理中所定义的傅里叶变换如出一辙，如图 5-2 所示：

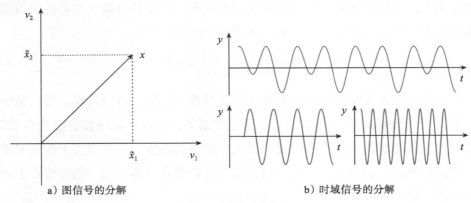

a) 图信号的分解　　　　　　b) 时域信号的分解

图 5-2　傅里叶变换

其中 a 图为图信号被分解到两个傅里叶基上的示意图，b 图为时域信号被分解成两个正弦信号的加和示意图。

图傅里叶变换与图信号的频率有什么关系呢？要理解这个问题，我们必须回到总变差的定义式上，有了图傅里叶变换的定义之后，我们可以对总变差进行改写：

$$
\begin{aligned}
\text{TV}(\boldsymbol{x}) = \boldsymbol{x}^{\mathrm{T}}L\boldsymbol{x} &= \boldsymbol{x}^{\mathrm{T}}V\Lambda V^{\mathrm{T}}\boldsymbol{x} \\
&= (V\tilde{\boldsymbol{x}})^{\mathrm{T}}V\Lambda V^{\mathrm{T}}(V\tilde{\boldsymbol{x}}) \\
&= \tilde{\boldsymbol{x}}^{\mathrm{T}}V^{\mathrm{T}}V\Lambda V^{\mathrm{T}}V\tilde{\boldsymbol{x}} \\
&= \tilde{\boldsymbol{x}}^{\mathrm{T}}\Lambda\tilde{\boldsymbol{x}} \\
&= \sum_{k}^{N}\lambda_k\tilde{x}_k^2
\end{aligned}
\tag{5.15}
$$

从式（5.15）中可以看出，图信号的总变差与图的特征值之间有着非常直接的线性对应关系，总变差是图的所有特征值的一个线性组合，权重是图信号相对应的傅里叶系数的平方。那么，我们需要思考以下问题：在一个给定图上，什么样的图信号具有最小的总变差？

　　我们将图信号限定在单位向量上来考虑。由于图的各个特征向量是彼此正交的单位向量，且特征值 $\lambda_1, \lambda_2, \cdots, \lambda_N$ 是从小到大依次排列的，因此总变差取最小值的条件是图信号与最小的特征值 λ_1 所对应的特征向量 $\boldsymbol{v}_1$ 完全重合，此时仅有 $\boldsymbol{x}_1 \neq 0$，其他项的傅里叶系数为 0，总变差 $\text{TV}(\boldsymbol{v}_1) = \lambda_1$。事实上，若 $\boldsymbol{x} = \boldsymbol{v}_k$，则 $\text{TV}(\boldsymbol{v}_k) = \lambda_k$，可以进一步详细证明 [1]，如果要选择一组彼此正交的图信号，使得各自的总变差依次取得最小值，那么这组图信号就是 $\boldsymbol{v}_1, \boldsymbol{v}_2, \cdots, \boldsymbol{v}_N$，如式（5.16）所示：

$$\lambda_k = \min_{\boldsymbol{x}: \|\boldsymbol{x}\|=1, \, \boldsymbol{x} \perp \boldsymbol{x}_1, \boldsymbol{x}_2, \cdots, \boldsymbol{x}_{k-1}} \boldsymbol{x}^T L \boldsymbol{x} \tag{5.16}$$

　　结合总变差代表着图信号整体平滑度的实际意义，我们可以发现，特征值依次排列在一起，对图信号的平滑度作出了一种梯度刻画，因此可以将特征值等价成频率。特征值越低，频率越低，对应的傅里叶基就变化得越缓慢，相近节点上的信号值趋于一致；特征值越高，频率越高，对应的傅里叶基就变化得越剧烈，相近节点上的信号值则非常不一致。

　　下面我们来看一个具体的计算示例（见图 5-3）：

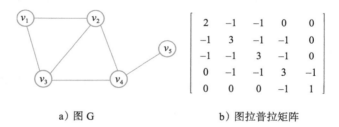

a）图 G　　　　　　　b）图拉普拉矩阵

图 5-3　图 G 和拉普拉斯矩阵

　　如图 5-3 中的 b 图所示，根据式（5.10），计算得到该图的拉普拉斯矩阵的特征矩阵与特征值：

$$V = \begin{bmatrix} -0.447 & 0.438 & -0.703 & 0 & 0.338 \\ -0.447 & 0.256 & 0.242 & 0.707 & -0.419 \\ -0.447 & 0.256 & 0.242 & -0.707 & -0.419 \\ -0.447 & -0.138 & 0.536 & 0 & 0.702 \\ 0.447 & -0.811 & -0.318 & 0 & -0.202 \end{bmatrix}$$

$$\Lambda = \text{diag}([0 \quad 0.8299 \quad 2.689 \quad 4 \quad 4.481])$$

diag() 表示将向量对角化成矩阵形式。图 5-4 为将 v_1, v_2, v_5 作为图信号时的示意图：

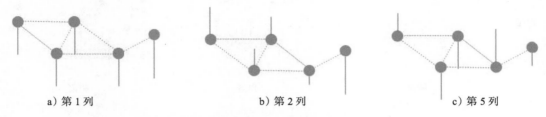

a）第 1 列　　　　　　　　　b）第 2 列　　　　　　　　　c）第 5 列

图 5-4　将特征向量作为图信号的示意图

通过图 5-4 我们可以直观地看到，3 组信号中 v_1 变化得最缓慢，事实上 v_1 的信号值处处相等，v_5 变化得最剧烈，而 v_2 的效果居中。

同时，我们也可以定义图信号的能量：

$$E(\boldsymbol{x}) = \|\boldsymbol{x}\|_2^2 = \boldsymbol{x}^{\mathrm{T}}\boldsymbol{x} = (V\tilde{\boldsymbol{x}})^{\mathrm{T}}(V\tilde{\boldsymbol{x}}) = \tilde{\boldsymbol{x}}^{\mathrm{T}}\tilde{\boldsymbol{x}} \tag{5.17}$$

即图信号的能量可以同时从空域和频域进行等价定义。单位向量的图信号能量为 1。

有了频率的定义，傅里叶系数就可以等价成图信号在对应频率分量上的幅值，反映了图信号在该频率分量上的强度。图信号在低频分量上的强度越大，该信号的平滑度就越高；相反，图信号在高频分量上的强度越大，该信号平滑度就越低。

定义好图傅里叶变换之后，我们就可以从频域视角去研究图信号了。我们把图信号所有的傅里叶系数合在一起称为该信号的频谱（spectrum）。在一个给定的图中，图信号的频谱等价于一种身份 ID，给定了频谱，我们就可以运用逆图傅里叶变换，完整地推导出空域中的图信号。同时，频谱完整地描述了图信号的频域特性，为接下来的图信号的采样、滤波、重构等信号处理工作创造了条件。

当然，需要特别注意的是，频域视角是一种全局视角，图信号频谱上的任意一个傅里叶系数，都是对图信号的某种低频或高频特征的定量描述，这种描述既考虑了图信号本身值的大小，也考虑了图的结构信息。图 5-5 给出了从空域和频域视角看图信号的示意图：

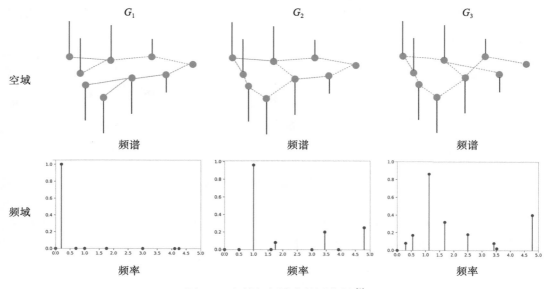

图 5-5　空域与频域中的图信号 [1]

在图 5-5 中，第一排画出了在空域中的图信号，3 组图信号的能量是一样的，但是由于 G_1、G_2、G_3 的图结构不同，使得信号在视觉上给人不同的平滑度感受。具体来讲，G_1 上图信号在相近的节点上的信号值很相似；G_3 上的图信号在相近的节点上的信号值差异比较大；G_2 上图信号的情况介于二者之间。

第二排画出了对应图信号的频谱图，从图 5-5 中可以看到，G_1 上图信号的傅里叶系数在小于 0.5 的低频上取得最大值，且非常集中；G_2 上图信号的傅里叶系数在等于 1 的频率上取得最大值；G_3 上图信号的傅里叶系数在大于 1 的频率上取得最大值，且在中高频分量上有着更高的强度。上下两排图分别从空域和频域描述了 3 组信号的平滑度，当然这种比较也可以从总变差的计算中得出：$\boldsymbol{x}^{\mathrm{T}}\boldsymbol{L}_1\boldsymbol{x} = 0.14$，$\boldsymbol{x}^{\mathrm{T}}\boldsymbol{L}_2\boldsymbol{x} = 1.31$，$\boldsymbol{x}^{\mathrm{T}}\boldsymbol{L}_3\boldsymbol{x} = 1.81$。

5.4　图滤波器

有了 5.3 节中图信号的频率定义之后，接下来我们就可以对图滤波器（Graph Filter）进行定义了。类比于离散信号处理，在图信号处理中，我们将图滤波器定义为对给定图信号的频谱中各个频率分量的强度进行增强或衰减的操作。假设图滤波器为 $H \in R^{N \times N}$，$H:R^N \rightarrow R^N$，令输出图信号为 $\boldsymbol{y}$，则：

$$\boldsymbol{y} = H\boldsymbol{x} = \sum_{k=1}^{N} (h(\lambda_k)\tilde{x}_k)\,\boldsymbol{v}_k \tag{5.18}$$

对比公式（5.14），我们可以清楚地看到增强还是衰减是通过 $h(\lambda)$ 项来控制的。为了进一步看清楚 H 的形式，我们需要对上式进行变换：

$$y = H\boldsymbol{x} = \sum_{k=1}^{N} (h(\lambda_k)\tilde{x}_k)\boldsymbol{v}_k = \begin{bmatrix} \vdots & \vdots & \cdots & \vdots \\ \boldsymbol{v}_1 & \boldsymbol{v}_2 & \cdots & \boldsymbol{v}_N \\ \vdots & \vdots & \cdots & \vdots \end{bmatrix} \begin{bmatrix} h(\lambda_1)\tilde{x}_1 \\ h(\lambda_2)\tilde{x}_2 \\ \vdots \\ h(\lambda_N)\tilde{x}_N \end{bmatrix} \tag{5.19}$$

$$= V \begin{bmatrix} h(\lambda_1) & & & \\ & h(\lambda_2) & & \\ & & \ddots & \\ & & & h(\lambda_N) \end{bmatrix} \begin{bmatrix} \tilde{x}_1 \\ \tilde{x}_2 \\ \vdots \\ \tilde{x}_N \end{bmatrix}$$

$$= V \begin{bmatrix} h(\lambda_1) & & & \\ & h(\lambda_2) & & \\ & & \ddots & \\ & & & h(\lambda_N) \end{bmatrix} V^{\mathrm{T}}\boldsymbol{x}$$

于是得到：

$$H = V \begin{bmatrix} h(\lambda_1) & & & \\ & h(\lambda_2) & & \\ & & \ddots & \\ & & & h(\lambda_N) \end{bmatrix} V^{\mathrm{T}} = V\Lambda_h V^{\mathrm{T}} \tag{5.20}$$

相较于拉普拉斯矩阵，H 仅仅改动了对角矩阵上的值，因此，H 具有以下形式：$H_{ij} = 0$，如果 $i \neq j$ 或者 $e_{ij} \notin E$。也就是说，H 矩阵只在对角与边坐标上时才有可能取非零值。从算子的角度来看，$H\boldsymbol{x}$ 描述了一种作用在每个节点一阶子图上的变换操作。一般来说，我们称满足上述性质的矩阵为 G 的图位移算子（Graph Shift Operator），拉普拉斯矩阵与邻接矩阵都是典型的图位移算子。事实上，本章讲解的所有图信号处理的相关理论，都可以被拓展到图位移算子上，并不局限在拉普拉斯矩阵上。

图滤波器具有以下性质：

（1）线性：$H(\boldsymbol{x} + \boldsymbol{y}) = H\boldsymbol{x} + H\boldsymbol{y}$；

（2）滤波操作是顺序无关的：$H_1(H_2\boldsymbol{x}) = H_2(H_1\boldsymbol{x})$；

（3）如果 $h(\lambda) \neq 0$，则该滤波操作是可逆的。

我们称 Λ_h 为图滤波器 H 的频率响应矩阵，对应的函数 $h(\lambda)$ 为 H 的频率响应函数，不同的频率响应函数可以实现不同的滤波效果。在信号处理中，常见的滤波器有3类：低通滤波器、高通滤波器、带通滤波器（见图 5-6）。

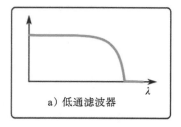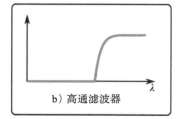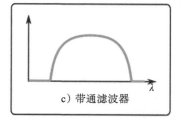

图 5-6　3 类滤波器的频率响应函数

图 5-6 所示为 3 类滤波器的频率响应函数：从 a 图中可以看出，低通滤波器只保留信号中的低频成分，更加关注信号中平滑的部分；从 b 图中可以看出，高通滤波器只保留信号中的高频成分，更加关注信号中快速变化的部分；从 c 图中可以看出，带通滤波器只保留信号特定频段的成分。

理论上，我们希望实现任意性质的图滤波器，也就是实现任意类型函数曲线的频率响应函数。通过逼近理论，我们可以用泰勒展开——多项式逼近函数去近似任意函数。下面，我们将目光聚焦在拉普拉斯矩阵多项式拓展形式的图滤波器上：

$$H = h_0 L^0 + h_1 L^1 + h_2 L^2 + \cdots + h_K L^K = \sum_{k=0}^{K} h_k L^k \qquad (5.21)$$

其中 K 是图滤波器 H 的阶数。和图信号一样，对于图滤波器，我们也可以同时从空域视角和频域视角来理解。

5.4.1　空域角度

对于 $\boldsymbol{y} = H\boldsymbol{x} = \sum_{k=0}^{K} h_k L^k \boldsymbol{x}$，如果我们设定：

$$\boldsymbol{x}^{(k)} = L^k \boldsymbol{x} = L\boldsymbol{x}^{(k-1)} \tag{5.22}$$

则：

$$\boldsymbol{y} = \sum_{k=0}^{K} \boldsymbol{h}_k \boldsymbol{x}^{(k)} \tag{5.23}$$

通过上式，将输出图信号变成了（$K+1$）组图信号的线性加权。对于式（5.22），由于 L 是一个图位移算子，因此，$\boldsymbol{x}^{(k-1)}$ 到 $\boldsymbol{x}^{(k)}$ 的变换只需要所有节点的一阶邻居参与计算。总的来看，$\boldsymbol{x}^{(k)}$ 的计算只需要所有节点的 k 阶邻居参与，我们称这种性质为图滤波器的局部性。

从空域角度来看，滤波操作具有以下性质：

（1）具有局部性，每个节点的输出信号值只需要考虑其 K 阶子图；

（2）可通过 K 步迭代式的矩阵向量乘法来完成滤波操作。

我们以图 5-7 为例来看图信号滤波操作在空域的计算过程：

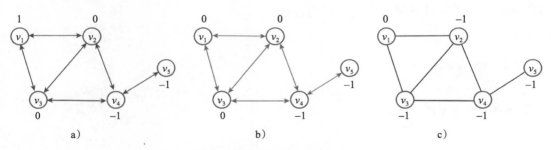

图 5-7　空域视角滤波计算示意图

根据图 5-3 中的 a 图，将图 G 的邻接矩阵作为图滤波器：

$$S = A = \begin{bmatrix} 0 & 1 & 1 & 0 & 0 \\ 1 & 0 & 1 & 1 & 0 \\ 1 & 1 & 0 & 1 & 0 \\ 0 & 1 & 1 & 0 & 1 \\ 0 & 0 & 0 & 1 & 0 \end{bmatrix}$$

给定图信号 $\boldsymbol{x} = [1\ \ 0\ \ 0\ \ -1\ \ -1]^{\mathrm{T}}$，系数向量 $\boldsymbol{h} = [1\ \ 0.5\ \ 0.5]^{\mathrm{T}}$，根据式（5.23），我们可以得到滤波输出的图信号为：

$$\boldsymbol{y} = h_0 \boldsymbol{x}^{(0)} + h_1 \boldsymbol{x}^{(1)} + h_2 \boldsymbol{x}^{(2)}$$

其中 $\boldsymbol{x}^{(0)} = \boldsymbol{x} = [1\ \ 0\ \ 0\ \ -1\ \ -1]^{\mathrm{T}}$，$\boldsymbol{x}^{(1)} = H\boldsymbol{x} = [0\ \ 0\ \ 0\ \ -1\ \ -1]^{\mathrm{T}}$，$\boldsymbol{x}^{(2)} = H\boldsymbol{x}^{(1)} = [0\ -1\ \ -1\ \ -1\ \ -1]^{\mathrm{T}}$。代入数据，得到 $\boldsymbol{y}$：

$$\boldsymbol{y} = 1\boldsymbol{x} + 0.5\boldsymbol{x}^{(1)} + 0.5\boldsymbol{x}^{(2)} = \begin{bmatrix} 1 \\ 0 \\ 0 \\ -1 \\ -1 \end{bmatrix} + 0.5 \begin{bmatrix} 0 \\ 0 \\ 0 \\ -1 \\ -1 \end{bmatrix} + 0.5 \begin{bmatrix} 0 \\ -1 \\ -1 \\ -1 \\ -1 \end{bmatrix} = \begin{bmatrix} 1 \\ -0.5 \\ -0.5 \\ -2 \\ -2 \end{bmatrix}$$

$\boldsymbol{x}^{(1)}$、$\boldsymbol{x}^{(2)}$ 的计算在图 5-7 中已给出，由于空域滤波操作的局部性，H 等价于一个聚合邻居的操作算子，如 a 图、b 图中的箭头所示，从 a 图、b 图、c 图中可以清楚地看出，$\boldsymbol{x}^{(0)} \rightarrow \boldsymbol{x}^{(1)} \rightarrow \boldsymbol{x}^{(2)}$ 的计算是一个迭代式的过程。

5.4.2　频域角度

由于 $L = V \Lambda V^{\mathrm{T}}$，则：

$$H = \sum_{k=0}^{K} h_k L^k = \sum_{k=0}^{K} h_k (V \Lambda V^{\mathrm{T}})^k = V \left(\sum_{k=0}^{K} h_k \Lambda^k \right) V^{\mathrm{T}} = V \begin{bmatrix} \sum_{k=0}^{K} h_k \lambda_1^k & & \\ & \ddots & \\ & & \sum_{k=0}^{K} h_k \lambda_N^k \end{bmatrix} V^{\mathrm{T}} \quad （5.24）$$

通过式（5.24），我们可以清楚地看出 H 的频率响应函数为 λ 的 K 次代数多项式，如果 K 足够大，我们可以用这种形式去逼近任意一个关于 λ 的函数。

如果我们用该滤波器进行滤波，则：

$$\boldsymbol{y} = H\boldsymbol{x} = V\left(\sum_{k=0}^{K} h_k \Lambda^k\right)V^{\mathrm{T}}\boldsymbol{x} \tag{5.25}$$

式（5.25）即为频域视角下的滤波操作，其变换过程由以下 3 步组成：

（1）通过图傅里叶变换，即 $V^{\mathrm{T}}\boldsymbol{x}$ 将图信号变换到频域空间；

（2）通过 $\Lambda_h = \sum_{k=0}^{K} h_k \Lambda^k$ 对频率分量的强度进行调节，得到 $\tilde{\boldsymbol{y}}$；

（3）通过逆图傅里叶变换，即 $V\tilde{\boldsymbol{y}}$ 将 $\tilde{\boldsymbol{y}}$ 反解成图信号 $\boldsymbol{y}$。

我们假设所有的多项式系数 $\boldsymbol{h}_k$ 构成向量 $\boldsymbol{h}$，则 H 的频率响应矩阵为：

$$\Lambda_h = \sum_{k=0}^{K} h_k \Lambda^k = \mathrm{diag}(\Psi\mathbf{h}) \tag{5.26}$$

其中 $\psi = \begin{bmatrix} 1 & \lambda_1 & \cdots & \lambda_1^K \\ 1 & \lambda_2 & \cdots & \lambda_2^K \\ \vdots & \vdots & \ddots & \vdots \\ 1 & \lambda_N & \cdots & \lambda_N^K \end{bmatrix}$ 为范德蒙矩阵，我们可以反解得到多项式系数：

$$\boldsymbol{h} = \psi^{-1}\mathrm{diag}^{-1}(\Lambda_h) \tag{5.27}$$

其中 diag^{-1} 表示将对角矩阵变成列向量。式（5.27）说明给定我们想要的频率响应矩阵，可以通过上式反解得到多项式系数。显然，这个式子对于特定性质的图滤波器的设计具有十分重要的意义。

图 5-8 是对图信号进行低通滤波的操作示意图。从中可以看到，相较于原始图信号，对其进行低通滤波后，图信号变得更加平滑了。

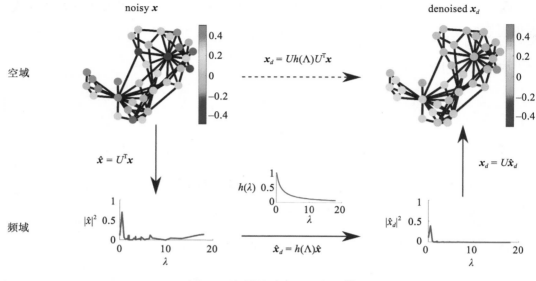

图 5-8　频域滤波过程示意图 [4]

从频域角度来看，我们可以对图滤波操作出以下性质总结：

（1）从频域视角能够更加清晰地完成对图信号的特定滤波操作；

（2）图滤波器如何设计具有显式的公式指导；

（3）对矩阵进行特征分解是一个非常耗时的操作，具有 $O(N^3)$ 的时间复杂度，相比空域视角中的矩阵向量乘法而言，有工程上的局限性。

5.5　图卷积神经网络

在学习了图滤波器定义的基础之上，本节我们来看看图信号处理中的卷积操作是如何定义的。给定两组 G 上的图信号 $\boldsymbol{x}_1$、$\boldsymbol{x}_2$，其图卷积运算定义如下：

$$\boldsymbol{x}_1 * \boldsymbol{x}_2 = \text{IGFT}(\text{GFT}(\boldsymbol{x}_1) \odot \text{GFT}(\boldsymbol{x}_2)) \qquad （5.28）$$

其中 $\odot$ 表示哈达玛积。这里的定义与我们在离散时间信号处理中的卷积的定义是一样的——时域中的卷积运算等价于频域中的乘法运算。

我们对式（5.28）继续进行推导：

$$\boldsymbol{x}_1 * \boldsymbol{x}_2 = V((V^{\mathrm{T}}\boldsymbol{x}_1) \odot (V^{\mathrm{T}}\boldsymbol{x}_2)) = V(\tilde{\boldsymbol{x}}_1 \odot (V^{\mathrm{T}}\boldsymbol{x}_2)) \tag{5.29}$$
$$= V(\mathrm{diag}(\tilde{\boldsymbol{x}}_1)(V^{\mathrm{T}}\boldsymbol{x}_2))$$
$$= (V\mathrm{diag}(\tilde{\boldsymbol{x}}_1)V^{\mathrm{T}})\boldsymbol{x}_2$$

令 $H_{\tilde{\boldsymbol{x}}_1} = V\mathrm{diag}(\tilde{\boldsymbol{x}}_1)V^{\mathrm{T}}$，显然 $H_{\tilde{\boldsymbol{x}}_1}$ 是一个图位移算子，其频率响应矩阵为 $\boldsymbol{x}_1$ 的频谱，于是可得：

$$\boldsymbol{x}_1 * \boldsymbol{x}_2 = H_{\tilde{\boldsymbol{x}}_1}\boldsymbol{x}_2 \tag{5.30}$$

从式（5.30）可知，两组图信号的图卷积运算总能转化为对应形式的图滤波运算，从这个层面上来看，图卷积等价于图滤波。后文中提到的图卷积运算都是特指式（5.30）右边的滤波形式，至于相对应的卷积信号，一般并不需要显式地表达出来。

需要特别说明的是，前面所有的图信号处理的相关概念里的图信号都能被拓展到矩阵形式。设矩阵 $X \in R^{N \times d}$，我们可以将 X 视为 d 组定义在图 G 上的图信号，于是我们称 X 为图信号矩阵，d 为图信号的总通道数，$X_{:,j}$ 表示第 j 个通道上的图信号。例如，对 $Y = HX$，我们可以理解成用图滤波器 H 对信号矩阵 X 每个通道的信号分别进行滤波操作，$X_{:,j}$ 对应的输出为图信号矩阵 Y 在第 j 个通道上的图信号 $Y_{:,j}$。

借鉴卷积神经网络在计算机视觉中的成功，将上述定义的图卷积运算推广到图数据的学习中去就成了一种自然而然的想法。接下来，我们将介绍这其中具有代表性的一些工作。

1. 对频率响应矩阵进行参数化

既然图卷积操作等价于图滤波操作，而图滤波算子的核心在于频率响应矩阵，那么我们自然想到对频率响应矩阵进行参数化[5]，这样我们就可以定义如下神经网络层：

$$X' = \sigma(V \begin{bmatrix} \theta_1 & & & \\ & \theta_2 & & \\ & & \ddots & \\ & & & \theta_N \end{bmatrix} V^{\mathrm{T}} X) \qquad (5.31)$$

$$= \sigma(V \operatorname{diag}(\theta) V^{\mathrm{T}} X)$$

$$= \sigma(\Theta X)$$

其中 $\sigma(\cdot)$ 是激活函数，$\theta = [\theta_1, \theta_2, \cdots, \theta_N]$ 是需要学习的参数，Θ 是对应的需要学习的图滤波器，X 是输入的图信号矩阵，X' 是输出的图信号矩阵。基本上这个思路可以按照图滤波操作的空域视角与频域视角去理解：

（1）从空域视角来看，该层引入了一个自适应的图位移算子，通过学习的手段指导该算子的学习，从而完成对输入图信号的针对性变换操作。

（2）从频域角度来看，该层在 X 与 X' 之间训练了一个可自适应的图滤波器，图滤波器的频率响应函数是怎样的，可以通过任务与数据之间的对应关系来进行监督学习。

上述思路虽然简单易懂，但是也存在一个较大的问题：引入的学习参数过多，需要学习的参数量与图中的节点数一致，这在大规模图数据，比如上亿节点数规模的图中，极易发生过拟合问题。

另外，在真实的图数据中，数据的有效信息通常都蕴含在低频段中（参考第 6 章第 3 节的相关内容），因此为图滤波器设置 N 个维度的自由度，且对每个频率都进行学习是没必要的。

2. 对多项式系数进行参数化

同样，为了拟合任意的频率响应函数，我们也可以将拉普拉斯矩阵的多项式形式转化为一种可学习的形式，该思路在引文 [6] 中被提出，具体如下：

$$X' = \sigma\left(V\left(\sum_{k=0}^{K} \theta_k \Lambda^k\right) V^{\mathrm{T}} X\right) = \sigma(V \operatorname{diag}(\Psi \theta) V^{\mathrm{T}} X) \qquad (5.32)$$

其中 $\theta = [\theta_1, \theta_2, \cdots, \theta_K]$ 是多项式系数向量，也是该网络层真正需要学习的参数，与前述方法不同的是，这个方法的参数量 K 可以自由控制。K 越大，可拟合的频率响应函数的次数就越高，可以对应输入图信号矩阵与输出图信号矩阵之间复杂的滤波关系；K 越小，可拟合的频率响应函数的次数就越低，可以对应输入图信号矩阵与输出图信号矩阵之间简单的滤波关系。总的来说，一般设 $K \ll N$，这将大大降低模型过拟合的风险。

3. 设计固定的图滤波器

前述方法虽然大大降低了参数量，但却由于对矩阵特征分解比较依赖而给计算带来了极高的复杂度。为了解决这个问题，在引文 [7] 中，作者对上式进行了限制，设 $K = 1$，则：

$$X' = \sigma(\theta_0 X + \theta_1 LX) \tag{5.33}$$

令 $\theta_0 = \theta_1 = \theta$，则：

$$X' = \sigma(\theta(I + L)X) = \sigma(\theta \tilde{L} X) \tag{5.34}$$

需要注意的是，这里的 θ 是一个标量，相当于对 $\tilde{L}$ 的频率响应函数做了一个尺度变换，通常这种尺度变换在神经网络模型中会被归一化操作替代，因此，这个参数是不必要引入的，我们设 $\theta = 1$，然后就得到了一个固定的图滤波器 $\tilde{L}$。

为了加强网络学习时的数值稳定性，作者仿照正则拉普拉斯矩阵，对 $\tilde{L}$ 也做了归一化处理。令 $\tilde{L}_{\mathrm{sym}} = \tilde{D}^{-1/2} \tilde{A} \tilde{D}^{-1/2}$，$\tilde{A} = A + I$，$\tilde{D}_{ii} = \Sigma_j \tilde{A}_{ij}$，我们称 $\tilde{L}_{\mathrm{sym}}$ 为重归一化形式的拉普拉斯矩阵。$\tilde{L}_{\mathrm{sym}}$ 的特征值范围为 $(-1, 1]$，可以有效防止多层网络优化时出现的梯度消失或爆炸的现象（参考 6.3 节的内容）。

为了加强网络的拟合能力，作者设计了一个参数化的权重矩阵 W 对输入的图信号矩阵进行仿射变换，于是得到：

$$X' = \sigma(\tilde{L}_{\mathrm{sym}} XW) \tag{5.35}$$

如果没有其他说明，我们特称式（5.35）为图卷积层（GCN layer），以此为主体堆叠多层的神经网络模型称为图卷积模型（GCN）。

图卷积层是对频率响应函数拟合形式上的极大简化，最后相应的图滤波器退化成了 $\tilde{L}_{\text{sym}}$，图卷积操作变成了 $\tilde{L}_{\text{sym}}X$。如果将 X 由信号矩阵的角色切换到特征矩阵上，由于 $\tilde{L}_{\text{sym}}$ 是一个图位移算子，依据矩阵乘法的行向量视角，$\tilde{L}_{\text{sym}}X$ 的计算等价于对邻居节点的特征向量进行聚合操作，于是图卷积层在节点层面的计算公式如下：

$$x_i = \sigma\left(\sum_{v_j \in \tilde{N}(v_i)} \tilde{L}_{\text{sym}}[i, j](Wx_j)\right) \tag{5.36}$$

图 5-7 即为这种聚合邻居节点操作的示意图。实际在工程上，$\tilde{L}_{\text{sym}}$ 可以用稀疏矩阵来表示，这可以进一步降低图卷积层的计算复杂度。相较于频域图卷积中矩阵分解时 $O(N^3)$ 的时间复杂度，这种空域图卷积计算的时间复杂度可以降至 $O(|E|d)$。

至于在实际任务中设计固定图滤波器的做法是否有效，我们从以下两点进行说明：

（1）$\tilde{L}_{\text{sym}}$ 本身所具有的滤波特性是比较符合真实数据的特有性质的（参考 6.3 节的相关内容），能对数据实现高效的滤波操作；

（2）虽然 GCN 层是由对频率响应函数的线性近似推导得出来的，但是和深度学习中深度网络给模型带来的强大拟合能力一样，堆叠多层 GCN 层，在某种程度上，可以达到高阶多项式形式的频率响应函数的滤波能力。这种简化单层网络的学习能力，通过增加深度来提升模型表达能力的做法，在之前介绍的 CNN 模型中表现出了极强的工程优越性。事实证明，这种设计所带来的优越性也在 GCN 后续的多项相关论文中得到了充分展示，以 GCN 为代表的模型俨然成为各类图数据学习任务的首选。

总的来说，正是由于有了图信号处理中对图卷积操作的定义与理解，神经网络模型中的图卷积层才能得到非常直观的设计。一般来说，对于只能从频域出发进行矩阵特征分解从而执行图卷积计算的模型，我们称之为频域图卷积模型。相应地，对于图卷积计算不需要进行矩阵特征分解，能在空域视角执行矩阵乘法计算的模型，我们称之为空域图卷积模型。需要特别说明的是，虽然空域图卷积模型具有工程上的优越性，但是这类模型也都可以从频域视角进行理解，从本书后续的相关章节中，我们也可以看到频域视角对于图卷积模型的设计也是十分重要的。

5.6 GCN 实战

本节我们通过一个完整的例子来理解如何通过 GCN 来实现对节点的分类。

我们使用的是 Cora 数据集，该数据集由 2708 篇论文，及它们之间的引用关系构成的 5429 条边组成。这些论文被根据主题划分为 7 类，分别是神经网络、强化学习、规则学习、概率方法、遗传算法、理论研究、案例相关。每篇论文的特征是通过词袋模型得到的，维度为 1433，每一维表示一个词，1 表示该词在这篇文章中出现过，0 表示未出现。

首先我们定义类 CoraData 来对数据进行预处理，主要包括下载数据、规范化数据并进行缓存以备重复使用。最终得到的数据形式包括如下几个部分：

▲ x：节点特征，维度为 2708 × 1433；

▲ y：节点对应的标签，包括 7 个类别；

▲ adjacency：邻接矩阵，维度为 2708 × 2708，类型为 scipy.sparse.coo_matrix；

▲ train_mask、val_mask、test_mask: 与节点数相同的掩码，用于划分训练集、验证集、测试集。如代码清单 5-1 所示。

代码清单 5-1 CoraData 类定义

```
import itertools
import os
import os.path as osp
import pickle
import urllib
from collections import namedtuple

import numpy as np
import scipy.sparse as sp
import torch
import torch.nn as nn
import torch.nn.functional as F
import torch.nn.init as init
import torch.optim as optim

# 用于保存处理好的数据
```

```python
Data = namedtuple('Data', ['x', 'y', 'adjacency',
                           'train_mask', 'val_mask', 'test_mask'])


class CoraData(object):
    download_url = "https://github.com/kimiyoung/planetoid/raw/master/data"
    filenames = ["ind.cora.{}".format(name) for name in
                 ['x', 'tx', 'allx', 'y', 'ty', 'ally', 'graph', 'test.index']]
    def __init__(self, data_root="cora", rebuild=False):
        """ 包括数据下载、处理、加载等功能
        当数据的缓存文件存在时，将使用缓存文件，否则将下载、处理，并缓存到磁盘

        Args:
        -------
            data_root: string, optional
                    存放数据的目录，原始数据路径：{data_root}/raw
                    缓存数据路径：{data_root}/processed_cora.pkl
                rebuild: boolean, optional
                    是否需要重新构建数据集，当设为 True 时，如果缓存数据存在也会重建数据
        """
        self.data_root = data_root
        save_file = osp.join(self.data_root, "processed_cora.pkl")
        if osp.exists(save_file) and not rebuild:
            print("Using Cached file: {}".format(save_file))
            self._data = pickle.load(open(save_file, "rb"))
        else:
            self.maybe_download()
            self._data = self.process_data()
            with open(save_file, "wb") as f:
                pickle.dump(self.data, f)
            print("Cached file: {}".format(save_file))

    @property
    def data(self):
        """ 返回 Data 数据对象，包括 x, y, adjacency, train_mask, val_mask, test_mask"""
        return self._data

    def maybe_download(self):
        save_path = osp.join(self.data_root, "raw")
        for name in self.filenames:
            if not osp.exists(osp.join(save_path, name)):
                self.download_data(
                    "{}/{}".format(self.download_url, name), save_path)

    @staticmethod
    def download_data(url, save_path):
        """ 数据下载工具，当原始数据不存在时将会进行下载 """
```

```
if not osp.exists(save_path):
    os.makedirs(save_path)
data = urllib.request.urlopen(url)
filename = osp.basename(url)

with open(osp.join(save_path, filename), 'wb') as f:
    f.write(data.read())

return True
```

根据下载得到的原始数据进行处理得到规范化的结果，使用矩阵来存储结果，代码清单 5-2 仍然定义在类 CoraData 中。

代码清单 5-2　Cora 数据处理

```
def process_data(self):
    """
    处理数据，得到节点特征和标签，邻接矩阵，训练集、验证集以及测试集
    """
    print("Process data ...")
    _, tx, allx, y, ty, ally, graph, test_index = [self.read_data(
        osp.join(self.data_root, "raw", name)) for name in self.filenames]
    train_index = np.arange(y.shape[0])
    val_index = np.arange(y.shape[0], y.shape[0] + 500)
    sorted_test_index = sorted(test_index)

    x = np.concatenate((allx, tx), axis=0)
    y = np.concatenate((ally, ty), axis=0).argmax(axis=1)

    x[test_index] = x[sorted_test_index]
    y[test_index] = y[sorted_test_index]
    num_nodes = x.shape[0]

    train_mask = np.zeros(num_nodes, dtype=np.bool)
    val_mask = np.zeros(num_nodes, dtype=np.bool)
    test_mask = np.zeros(num_nodes, dtype=np.bool)
    train_mask[train_index] = True
    val_mask[val_index] = True
    test_mask[test_index] = True
    adjacency = self.build_adjacency(graph)
    print("Node's feature shape: ", x.shape)
    print("Node's label shape: ", y.shape)
    print("Adjacency's shape: ", adjacency.shape)
    print("Number of training nodes: ", train_mask.sum())
```

```
        print("Number of validation nodes: ", val_mask.sum())
        print("Number of test nodes: ", test_mask.sum())

        return Data(x=x, y=y, adjacency=adjacency,
                    train_mask=train_mask, val_mask=val_mask, test_mask=test_mask)

    @staticmethod
    def build_adjacency(adj_dict):
        """ 根据邻接表创建邻接矩阵 """
        edge_index = []
        num_nodes = len(adj_dict)
        for src, dst in adj_dict.items():
            edge_index.extend([src, v] for v in dst)
            edge_index.extend([v, src] for v in dst)
        # 由于上述得到的结果中存在重复的边，删掉这些重复的边
        edge_index = list(k for k, _ in itertools.groupby(sorted(edge_index)))
        edge_index = np.asarray(edge_index)
        adjacency = sp.coo_matrix((np.ones(len(edge_index)),
                                  (edge_index[:, 0], edge_index[:, 1])),
                    shape=(num_nodes, num_nodes), dtype="float32")
        return adjacency

    @staticmethod
    def read_data(path):
        """ 使用不同的方式读取原始数据以进一步处理 """
        name = osp.basename(path)
        if name == "ind.cora.test.index":
            out = np.genfromtxt(path, dtype="int64")
            return out
        else:
            out = pickle.load(open(path, "rb"), encoding="latin1")
            out = out.toarray() if hasattr(out, "toarray") else out
            return out
```

根据 GCN 的定义 $X' = \sigma(\tilde{L}_{sym}XW)$ 来定义 GCN 层，代码直接根据定义来实现，需要特别注意的是邻接矩阵是稀疏矩阵，为了提高运算效率，使用了稀疏矩阵的乘法。如代码清单 5-3 所示：

代码清单 5-3 GCN 层定义

```
class GraphConvolution(nn.Module):
    def __init__(self, input_dim, output_dim, use_bias=True):
```

```python
    """图卷积: L*X*\theta

    Args:
    ----------
        input_dim: int
            节点输入特征的维度
        output_dim: int
            输出特征维度
        use_bias : bool, optional
            是否使用偏置
    """
    super(GraphConvolution, self).__init__()
    self.input_dim = input_dim
    self.output_dim = output_dim
    self.use_bias = use_bias
    self.weight = nn.Parameter(torch.Tensor(input_dim, output_dim))
    if self.use_bias:
        self.bias = nn.Parameter(torch.Tensor(output_dim))
    else:
        self.register_parameter('bias', None)
    self.reset_parameters()

def reset_parameters(self):
    init.kaiming_uniform_(self.weight)
    if self.use_bias:
        init.zeros_(self.bias)

def forward(self, adjacency, input_feature):
    """邻接矩阵是稀疏矩阵, 因此在计算时使用稀疏矩阵乘法

    Args:
    -------
        adjacency: torch.sparse.FloatTensor
            邻接矩阵
        input_feature: torch.Tensor
            输入特征
    """
    support = torch.mm(input_feature, self.weight)
    output = torch.sparse.mm(adjacency, support)
    if self.use_bias:
        output += self.bias
    return output
```

有了数据和 GCN 层，就可以构建模型进行训练了。定义一个两层的 GCN，其中

输入的维度为 1433，隐藏层维度设为 16，最后一层 GCN 将输出维度变为类别数 7，激活函数使用的是 ReLU。如代码清单 5-4 所示：

代码清单 5-4　两层 GCN 的模型

```
class GcnNet(nn.Module):
    """
    定义一个包含两层 GraphConvolution 的模型
    """
    def __init__(self, input_dim=1433):
        super(GcnNet, self).__init__()
        self.gcn1 = GraphConvolution(input_dim, 16)
        self.gcn2 = GraphConvolution(16, 7)

    def forward(self, adjacency, feature):
        h = F.relu(self.gcn1(adjacency, feature))
        logits = self.gcn2(adjacency, h)
        return logits
```

模型构建与数据准备见代码清单 5-5。

代码清单 5-5　模型构建与数据准备

```
def normalization(adjacency):
    """ 计算 L=D^-0.5 * (A+I) * D^-0.5"""
    adjacency += sp.eye(adjacency.shape[0])        # 增加自连接
    degree = np.array(adjacency.sum(1))
    d_hat = sp.diags(np.power(degree, -0.5).flatten())
    return d_hat.dot(adjacency).dot(d_hat).tocoo()


# 超参数定义
learning_rate = 0.1
weight_decay = 5e-4
epochs = 200
# 模型定义，包括模型实例化、损失函数与优化器定义
device = "cuda" if torch.cuda.is_available() else "cpu"
model = GcnNet().to(device)
# 损失函数使用交叉熵
criterion = nn.CrossEntropyLoss().to(device)
# 优化器使用 Adam
optimizer = optim.Adam(model.parameters(), lr=learning_rate, weight_
decay=weight_decay)
```

```
# 加载数据，并转换为 torch.Tensor
dataset = CoraData().data
x = dataset.x / dataset.x.sum(1, keepdims=True)   # 归一化数据，使得每一行和为 1
tensor_x = torch.from_numpy(x).to(device)
tensor_y = torch.from_numpy(dataset.y).to(device)
tensor_train_mask = torch.from_numpy(dataset.train_mask).to(device)
tensor_val_mask = torch.from_numpy(dataset.val_mask).to(device)
tensor_test_mask = torch.from_numpy(dataset.test_mask).to(device)
normalize_adjacency = normalization(dataset.adjacency)     # 规范化邻接矩阵
indices = torch.from_numpy(
    np.asarray([normalize_adjacency.row,
                normalize_adjacency.col]).astype('int64')).long()
values = torch.from_numpy(normalize_adjacency.data.astype(np.float32))
tensor_adjacency = torch.sparse.FloatTensor(indices, values,
                                            (2708, 2708)).to(device)
```

所有准备工作都做好后，就可以根据神经网络运行流程进行模型训练了，如代码清单 5-6 所示，通过不断迭代优化，我们将记录训练过程中损失值的变化和验证集上的准确率，训练完成后在测试集上测试模型的效果。

代码清单 5-6　模型训练与测试

```
def train():
    loss_history = []
    val_acc_history = []
    model.train()
    train_y = tensor_y[tensor_train_mask]
    for epoch in range(epochs):
        logits = model(tensor_adjacency, tensor_x)   # 前向传播
        train_mask_logits = logits[tensor_train_mask]     # 只选择训练节点进行监督
        loss = criterion(train_mask_logits, train_y)      # 计算损失值
        optimizer.zero_grad()
        loss.backward()       # 反向传播计算参数的梯度
        optimizer.step()      # 使用优化方法进行梯度更新
        train_acc = test(tensor_train_mask)          # 计算当前模型在训练集上的准确率
        val_acc = test(tensor_val_mask)        # 计算当前模型在验证集上的准确率
        # 记录训练过程中损失值和准确率的变化，用于画图
        loss_history.append(loss.item())
        val_acc_history.append(val_acc.item())
        print("Epoch {:03d}: Loss {:.4f}, TrainAcc {:.4}, ValAcc {:.4f}".format(
            epoch, loss.item(), train_acc.item(), val_acc.item()))
```

```
        return loss_history, val_acc_history

def test(mask):
    model.eval()
    with torch.no_grad():
        logits = model(tensor_adjacency, tensor_x)
        test_mask_logits = logits[mask]
        predict_y = test_mask_logits.max(1)[1]
        accuracy = torch.eq(predict_y, tensor_y[mask]).float().mean()
    return accuracy
```

使用上述代码进行模型训练，我们可以看到如代码清单 5-7 所示的日志输出：

代码清单 5-7 日志输出

```
Using Cached file: cora/processed_cora.pkl
Epoch 000: Loss 1.9370, TrainAcc 0.3857, ValAcc 0.3520
Epoch 001: Loss 1.8605, TrainAcc 0.4929, ValAcc 0.2760
Epoch 002: Loss 1.7644, TrainAcc 0.7786, ValAcc 0.5120
Epoch 003: Loss 1.6127, TrainAcc 0.7214, ValAcc 0.4600
......
Epoch 197: Loss 0.1151, TrainAcc 1.0, ValAcc 0.7980
Epoch 198: Loss 0.1136, TrainAcc 1.0, ValAcc 0.7960
Epoch 199: Loss 0.1136, TrainAcc 1.0, ValAcc 0.7900
Test accuarcy:  0.8050000071525574
```

将损失值和验证集准确率的变化趋势可视化（如图 5-9 中的 a 图所示），我们将最后一层得到的输出进行 TSNE 降维，得到如图 5-9 中的 b 图所示的结果。

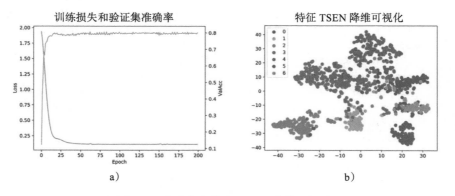

图 5-9 准确率变化和 TSNE 降维可视化

5.7　参考文献

[1]　Shuman D I, Narang S K, Frossard P, et al. The emerging field of signal processing on graphs: Extending high-dimensional data analysis to networks and other irregular domains[J]. IEEE signal processing magazine, 2013, 30(3): 83-98.

[2]　Strang G, Strang G, Strang G, et al. Introduction to linear algebra[M]. Wellesley, MA: Wellesley-Cambridge Press, 2006.

[3]　F. R. Chung. Spectral Graph Theory. American Mathematical Society, 1997.

[4]　Tremblay N, Gonçalves P, Borgnat P. Design of graph filters and filterbanks[M]// Cooperative and Graph Signal Processing. Academic Press, 2018: 299-324.

[5]　Bruna J, Zaremba W, Szlam A, et al. Spectral networks and locally connected networks on graphs[J]. arXiv preprint arXiv:1312.6203, 2013.

[6]　Defferrard M, Bresson X, Vandergheynst P. Convolutional neural networks on graphs with fast localized spectral filtering[C]//Advances in neural information processing systems. 2016: 3844-3852.

[7]　Kipf T N, Welling M. Semi-supervised classification with graph convolutional networks[J]. arXiv preprint arXiv:1609.02907, 2016.

第 6 章

GCN 的性质

本章通过对 GCN 的一些性质的集中解读来加深读者对于 GCN 的理解。在 6.1 节中，我们介绍了同为卷积模型的 GCN 与 CNN 的联系，从中可以看到二者具有非常高的迁移性；在 6.2 节中，我们重点阐述了 GCN 对图数据进行端对端学习的机制；在 6.3 节中，从低通滤波器的视角，解释了 GCN 对于图数据学习能力的有效性，同时可以看到这种频域视角的解读，对于指导 GCN 模型的特定设计工作具有十分重要的理论意义；在 6.4 节中，我们介绍了 GCN 模型所面临的一个典型问题——过平滑，该问题给 GCN 模型的诊断与优化工作指出了明确的方向。

6.1 GCN 与 CNN 的联系

在第 5 章中我们介绍了空域视角下的图卷积操作，在这种视角下的 GCN 模型与 CNN 模型有着十分紧密的共性联系。从本质上看，二者都是聚合邻域信息的运算，只是作用的数据对象不同。下面我们将更加细致地总结出二者间的几点区别与联系（见图 6-1）。

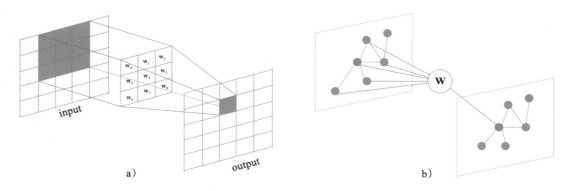

图 6-1　CNN 与 GCN 间的区别与联系

1. 图像是一种特殊的图数据

CNN 中的卷积计算相较于 GCN 中的卷积计算，最大的区别是没有显式地表达出邻接矩阵，但是进行实际计算的时候，我们依然需要考虑数据之间的结构关系。如果我们将图像中的每个像素视作一个节点，那么在常见的比如 3×3 大小的卷积核的作用下，可以将中心节点附近 3×3 的栅格内的像素等价为自己的邻居。从这个角度来看，我们将像素视作节点，将像素之间空间坐标的连线作为彼此之间的边，如此图像数据就变成了一种结构非常规则的图数据，CNN 中的卷积计算则是用来处理这类固定 2D 栅格结构的图数据。相较之下，一般提到图数据，往往单个节点附近的邻域结构是千差万别的，数据之间的关系也较为复杂多样，GCN 中的卷积计算则是用来处理更普遍的非结构化的图数据的。

2. 从网络连接方式来看，二者都是局部连接

从单个节点的运算过程来看，GCN 的计算为：$\sum\limits_{v_j \in \tilde{N}(v_i)} \boldsymbol{w}\boldsymbol{x}_j$，计算作用在其一阶子图上；CNN 的计算为：$\sum\limits_{v_j \in [-4,4]} \boldsymbol{w}_j\boldsymbol{x}_{i+j}$，计算作用在中心像素附近 3×3 的栅格内，这种节点下一层的特征计算只依赖于自身邻域的方式，在网络连接上表现为一种局部连接的结构。相较于全连接结构，局部连接大大减少了单层网络的计算复杂度。不过在权重设置上二者有一定的区别，由于图像数据中固定的栅格结构，CNN 的卷积核设计了

9 组权重参数，而为了适应不同的图数据结构，GCN 的卷积核权重参数退化为一组，从图 6-1 中可以直观地看出这一差别。从拟合能力上来讲，CNN 是更有优势的。

3. 二者卷积核的权重是处处共享的

与 CNN 一样，GCN 中的卷积核也作用于全图所有的节点，在每个节点处的计算中权重参数都是共享的，这样的处理方式大大减少了单层网络的参数量，可以有效避免过拟合现象的出现。

4. 从模型的层面来看，感受域随着卷积层的增加而变大

每多一层卷积计算，中心节点就能多融合进更外一"圈"的信息。如图 6-2 所示，在 CNN 中，中心的感受域从第一层的 3×3，到第二层的 5×5，在不断地扩大。在 GCN 中，中心节点可以融合的信息从一阶邻居拓展到二阶邻居，二者的感受域都随着卷积层的增加而变大。同时，我们可以看到，在这两类模型中，节点自身特征的更新是与卷积运算强耦合在一起的，每一个新卷积层的加入，都可以使节点获得更加抽象化的特征表示。

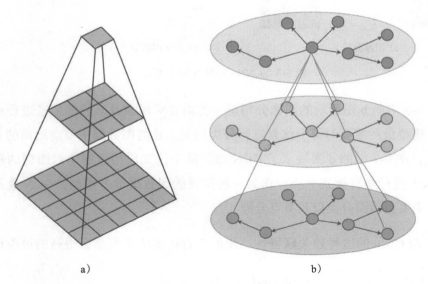

a)　　　　　　　　b)

图 6-2　CNN 与 GCN 的感受域

　　另外，从学习任务上来看，CNN 与 GCN 也有着非常强的可类比性。图 6-3 中的 a 图和 b 图展示了计算机视觉中的两大主流任务：图像分类与图像分割。图像分类是一种需要对数据全局信息进行学习的任务，这对应于全图层面的图分类任务，如图 6-3 的 c 图所示，研究人员利用脑信号构图，实现对正常人、阿尔兹海默症患者以及轻度认知障碍患者的脑信号图进行分类。

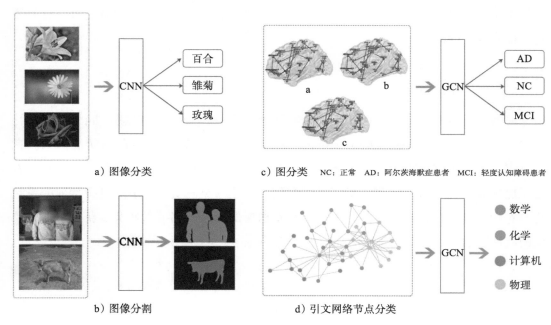

图 6-3　CNN 与 GCN 任务对比⊖⊜

　　如图 6-3 中的 b 图所示的图像分割是一种需要对像素及其局部信息进行整合学习的任务，模型最后需要对每个像素进行分类判定，这与图数据中节点层面的节点分类任务对应；图 6-3 中的 d 图展示了 GCN 如何基于论文应用数据集对图中的每个节点（代表论文）进行学科类别分类。作为一种重要的图数据学习模型，GCN 及其衍生模型的任务主要包括图分类以及节点分类。

　　GCN 与 CNN 的这种强关联特性，使得二者在多个方面都有很高的可类比性，这

　　⊖　图片来源：https://ccvl.jhu.edu/datasets/。

　　⊜　图片来源：https://www.frontiersin.org/articles/10.3389/fncom.2018.00031/full。

给 GCN 的设计和发展工作指明了方向，在本书第 8 章讲图分类模型的时候，我们会再一次看到这种借鉴所产生的作用。

6.2　GCN 能够对图数据进行端对端学习

近几年，随着深度学习的发展，端对端学习变得越来越重要，人们普遍认为，深度学习的成功离不开端对端学习的作用机制。端对端学习实现了一种自动化地从数据中进行高效学习的机制。然而，端对端学习的这种高度自动化的特性的达成，往往离不开背后大量的针对特定类型数据的学习任务的适配工作，这种适配体现在当下十分流行的各种网络层或层块结构（block）的设计上，比如我们熟知的 Conv2D 层对于图像数据的学习、LSTM 层对于序列数据的学习、Global Pooling 层对于全局信息的提取等。这些层的计算过程必须最大限度地按照我们期望的方式去适配数据的内在规律模式。大量的实践经验告诉我们，深度学习能够在某个场景任务中取得极其优秀的效果，很大程度上得益于这类网络层或者由该网络层所构建的网络层块的定制化设计。

因此，如果我们要实现对于图数据的端对端学习，学习系统必须能够适配图数据的内在模式。

在第 1 章中，我们介绍了属性图是一种最广泛的图数据表现形式。在属性图里面，每个节点都有自己的属性。如图 6-4 中的 a 图所示，在某个社交网络的场景中，用户节点存在性别和年龄等属性，这些属性对用户身份的刻画是十分重要的。同时，我们可以看到图中有两个入度很高的节点，在很大程度上，这类节点表示的是社交网络里面的大 V 用户。图 6-4 中的 b 图所示为乙醇和甲醚的分子式和分子结构，虽然二者的分子式均为 C_2H_6O，但是由于分子结构不同，二者具有不同的理化性质。

总结上面两个例子，我们可以发现，图数据中同时包含着两部分信息：属性信息与结构信息。属性信息描述了图中对象的固有性质；结构信息描述了对象之间的关联性质，这种由关联所产生的结构不仅对图数据中节点的刻画具有很大的帮助作用，而且对该全图的刻画也起着关键作用。一个优秀的针对图数据的学习系统，必须能够做到对属性信息和结构信息进行端对端的学习。

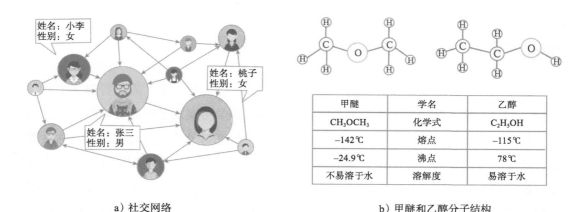

a）社交网络   b）甲醚和乙醇分子结构

图 6-4   图数据示例

下面我们来看看 GCN 的设计是怎么去适配图数据的内在规律的。为了更形象地阐述 GCN 对于图数据的端对端学习能力，我们将之前提到的两类非常典型的图数据学习方式——基于手工特征与基于随机游走的方法进行对比。一般来说，图数据中属性信息的处理是比较简单的，按照属性的类型进行相应的编码设计，然后将其拼接成一个表示节点属性的特征向量就可以了，但是结构信息蕴含在节点之间的关系中，是比较难处理的。我们所对比的两个方法的核心都是在如何处理图的结构信息上，如图 6-5、图 6-6 所示。

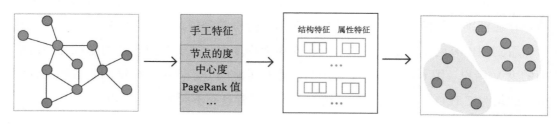

图 6-5   基于手工特征的方法

图 6-5 所示的方法是基于手工特征的方法，该方法对于图数据的处理方式非常依赖人工干预，具体来说，就是将图中节点的结构信息以一些图的统计特征进行替代，

常见的如节点的度、节点的中心度、节点的 PageRank 值等，然后将这个代表节点结构信息的特征向量与代表节点属性信息的特征向量拼接在一起，送到下游进行任务的学习。这种方法的最大问题在于，表示结构信息的特征向量需要人为定义，因此很难确定这些统计特征是否对学习后面的任务有效。

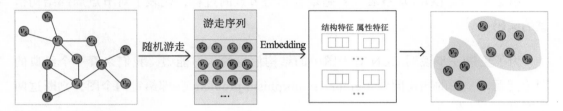

图 6-6　基于随机游走的方法

图 6-6 所示的方法是基于随机游走的方法，随机游走[1] 是网络表示学习中最具代表性的方法之一，其基本思想是将图中节点所满足的关系与结构的性质映射到一个新的向量空间去，比如在图上距离更近的两个节点，在新的向量空间上的距离也更近。通过这样的优化目标将图里面的数据，转化成向量空间里面的数据，这样处理起来就会更加方便。接下来，该方法和基于手工特征的方法的思路一样，将代表节点结构信息的特征向量与代表节点属性信息的特征向量进行拼接，然后进行下游的任务学习。所不同的是，其节点的结构信息是通过随机游走类方法进行学习的，并不依赖人为定义，因此相比之下会更加高效。

图 6-7 是基于 GCN 的方法，从图中可以看到，GCN 对于图数据的学习方式比较符合端对端的要求：一端是数据，另一端是任务。

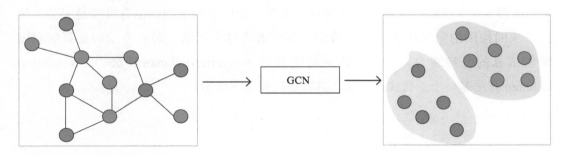

图 6-7　基于 GCN 的方法

GCN 对于属性信息和结构信息的学习体现在其核心计算公式上：$\tilde{L}_{\text{sym}}XW$，这一计算过程可以被分拆成两步：

第 1 步：XW 是对属性信息的仿射变换，学习了属性特征之间的交互模式；

第 2 步：$\tilde{L}_{\text{sym}}(XW)$ 从空域来看是聚合邻居节点的过程，代表了对节点局部结构信息的编码。

为了更进一步说明 GCN 对于图中的结构信息的学习能力，我们来看一个经典的图论问题——图的同构问题（graph isomorphism problem），即给定两个图，判断这两个图是否完全等价。

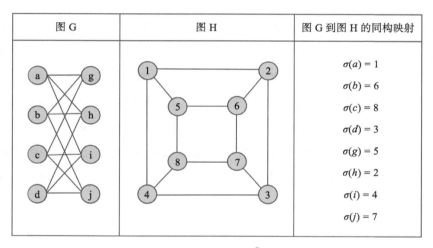

图 G	图 H	图 G 到图 H 的同构映射
		$\sigma(a) = 1$ $\sigma(b) = 6$ $\sigma(c) = 8$ $\sigma(d) = 3$ $\sigma(g) = 5$ $\sigma(h) = 2$ $\sigma(i) = 4$ $\sigma(j) = 7$

图 6-8　图同构[⊖]

从图 6-8 中我们可以发现，即使看上去并不相似的两个图，也有可能是完全等价的。从同构图的定义中我们可以看到，要想解决这个问题，需要考量的是算法对图结构信息的分辨能力。一个经典的解法就是 Weisfeiler-Lehman 算法 [2]，Weisfeiler-Lehman 算法是一个迭代式的算法，其算法流程如下所示：

对于图上任意一个节点 v_i：
1．获取邻居节点 $v_j \in N(v_i)$ 的标签 h_j；

⊖　图片来源：https://zh.wikipedia.org/wiki/。

2．更新 v_i 的标签 $h_i \leftarrow \text{hash}(\sum_{v_j} h_j)$，其中 hash($\cdot$) 是一个单射函数（一对一映射）。

我们可以看到，上述过程与节点层面的 GCN 计算过程基本一致：迭代式地聚合邻居节点的特征，从而更新当前节点的特征。从这个角度来看，GCN 近似于一种带参的、支持自动微分的 Weisfeiler-Lehman 算法。在引文 [3] 中介绍了一种 GCN 的衍生模型——Graph Isomorphism Network（GIN），实验证明，其在判断图同构的问题上，能力近乎等价于 Weisfeiler-Lehman 算法。

在 GCN 模型中，通过堆叠图卷积层，上述属性信息的编码学习与结构信息的编码学习被不断地交替进行，如是完成对图数据中更加复杂的模式学习。GCN 相较于上面述两种方法，有如下两点优势：

（1）GCN 对表示学习和任务学习一起进行端对端的优化，在前述两种方法中，节点的特征向量一旦被拼接起来就会被固化下来，下游任务学习中产生的监督信号并不能有效指导图数据的表示学习，这可能会使节点的特征表示对于下游的任务不是最高效的。相反，GCN 对于图数据的建模并没有切分成两步来完成，对于节点的表示学习与下游的任务学习被放到一个模型里面进行端对端学习，整个模型的监督信号同时指导着任务层（如分类层）和 GCN 层的参数更新，节点的特征表示与下游任务之间具有更好的适应性。

（2）GCN 对结构信息与属性信息的学习是同时进行的，并没有进行分拆和解构。通常来说，属性信息与结构信息具有很好的互补关系，对于一些结构稀疏的图来说，属性信息的补充可以很好地提高模型对节点表示学习的质量，另外，结构信息蕴含着属性信息中所没有的知识，对节点的刻画具有十分重要的作用。GCN 将结构信息与属性信息放进一个网络层里面同时进行学习，使二者能够协同式地去影响最终节点的表示。

总的来说，GCN 模型将学习过程直接构架于图数据之上，为图数据的学习提供了一套端对端的框架，对相关的任务学习具有更好的适应性。

6.3 GCN 是一个低通滤波器

在图的半监督学习任务中，通常会在相应的损失函数里面增加一个正则项，该正则项需要保证相邻节点之间的类别信息趋于一致，一般情况下，我们选用拉普拉斯矩阵的二次型作为正则约束：

$$\mathcal{L} = \mathcal{L}_0 + \mathcal{L}_{\text{reg}}, \mathcal{L}_{\text{reg}} = \sum_{e_{ij} \in E} A_{ij} \left\| f(\mathbf{x}_i) - f(\mathbf{x}_j) \right\|^2 = f(X)^T L f(x) \tag{6.1}$$

其中 $\mathcal{L}$ 表示模型的总损失，$\mathcal{L}_0$ 表示监督损失，$\mathcal{L}_{\text{reg}}$ 表示正则项，从学习的目标来看，这样的正则项使得相邻节点的分类标签尽量一致，这种物以类聚的先验知识，可以指导我们更加高效地对未标记的数据进行学习。从图信号的角度来看，我们知道该正则项也表示图信号的总变差，减小该项表示我们期望经过模型之后的图信号更加平滑，根据前面第 5 章中所学的知识，从频域上来看，相当于对图信号做了低通滤波的处理。

在 GCN 的损失函数中，我们通常并不会设计这样的正则项。但是有研究表明，引文 [4] 中将 GCN 视为一种低通滤波器，下面阐述具体的过程：

回到 GCN 的核心计算式 $\tilde{L}_{\text{sym}} X W$ 上，体现图滤波的地方就在于左乘了一个重归一化形式的拉普拉斯矩阵 $\tilde{L}_{\text{sym}}$，根据第 5 章的相关内容可知，要确定是否为低通滤波，我们就必须去研究 $\tilde{L}_{\text{sym}}$ 对应的频率响应函数 $p(\lambda)$ 的性质。

$$\tilde{L}_{\text{sym}} = \tilde{D}^{-1/2} \tilde{A} \tilde{D}^{-1/2} = \tilde{D}^{-1/2} (\tilde{D} - L) \tilde{D}^{-1/2} = I - \tilde{D}^{-1/2} L \tilde{D}^{-1/2} = I - \tilde{L}_s \tag{6.2}$$

由于 $\tilde{L}_s$ 可以被正交对角化，我们设 $\tilde{L}_s = V \tilde{\Lambda} V^T$，$\tilde{\lambda}_i$ 是 $\tilde{L}_s$ 的特征值，可以证明 $\tilde{\lambda}_i \in [0, 2)^{[5]}$。

因此式（6.2）变为：

$$\tilde{L}_{\text{sym}} = I - V \tilde{\Lambda} V^T = V(1 - \tilde{\Lambda}) V^T \tag{6.3}$$

显然，其频率响应函数为 $p(\lambda) = 1 - \tilde{\lambda}_i \in (-1, 1]$，该函数是一个线性收缩的函数，因此能起到对图信号进行低通滤波的作用。

如果将信号矩阵 X 不断左乘 K 次 $\tilde{L}_{\text{sym}}$，则对应频率响应函数为 $(1-\tilde{\lambda}_i)^K$，图 6-9 所示为该函数的图像：

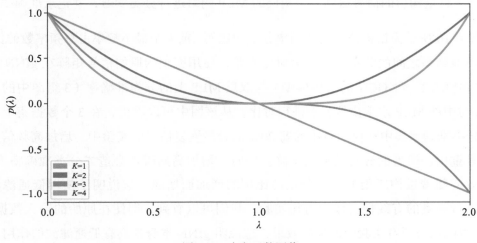

图 6-9　响应函数图像

从图中可以看到，随着 K 的增大，频率响应函数在低频段上有着更强的缩放效果，因此是一种更强效应的低通滤波器。这种堆叠式的滤波操作，在一定程度上解释了多层 GCN 模型对于信号的平滑能力。事实上，为了更好地突出这种能力、减少模型的参数量，在引文 [4-6] 中直接将多层 GCN 退化成 $\sigma(\tilde{L}_{\text{sym}}^K XW)$。

为什么要突出对数据的低通滤波呢？或者说，多层 GCN 的这种滤波效果对于图数据的任务学习会更加高效吗？在引文 [4] 中，作者论证了一个关于图数据的假设——输入数据的特征信号包括低频信号与高频信号，低频信号包含着对任务学习更加有效的信息。

为此，作者在 Cora、Citeseer、Pubmed 数据集上做了实验，这 3 个数据集都是论文引用网络，节点是论文，边是论文之间的引用关系。作者设计了一个实验，通过低通滤波截掉数据中的高频信息，然后使用剩下的低频信息进行分类学习，具体过程如下：

（1）对数据集的 $\tilde{L}_s$ 进行正交对角化，得到傅里叶基 V。

（2）对输入的信号矩阵增加高斯噪声 $X \leftarrow X + \mathcal{N}(0, \sigma^2)$，其中 $\sigma = (0, 0.01, 0.05)$。

（3）计算输入的信号矩阵在前 k 个最小频率上的傅里叶变换系数 $\tilde{X}_k = (V[:, :k])^\mathrm{T} \tilde{D}^{1/2} X$。

（4）利用逆傅里叶变换重构信号 $X_k = \tilde{D}^{-1/2} V[:, :k] \tilde{X}_k$。

（5）将重构后的信号送到一个两层的 MLP 网络进行分类学习，并记录准确率。

图 6-10 所示为重构信号用的频率分量的比例（前 k 个最小频率占总频率数的比例）与分类准确率之间的关系图。作为对比实验，使用完整的原始信号矩阵在 gfNN 模型（引文 [4] 中的一种 GCN 的变体模型）与双层 MLP 上的分类准确率（3 组图中的上部 gfNN 与中部 MLP 水平虚线）来进行对比。从该图中可以看出，在 3 个数据集上，最高的分类准确率集中在仅用最小的前 20% 的频段恢复信号的实验中，增加高频信息参与信号重构，模型的分类效果会下降。同时，增加高斯噪声会造成分类准确率下降，这种效应随着重构所用的频率分量的比例的增加而增强，这说明了使用低通滤波对数据进行去噪的有效性。作为对比实验，我们可以看到，即使在原始的输入数据上，gfNN 也能取得所有实验中的最好效果，这说明 gfNN 本身就具有低通滤波的作用。

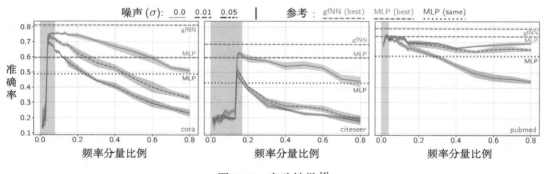

图 6-10　实验结果 [4]

从本节的介绍中可以看到，从频域去理解图数据以及 GCN 都具有十分重要的价值。对数据有效频率成分的分析可以指导我们发现数据的内在规律，从而更好地设计符合特定需求的滤波器，让 GCN 对于任务的高效学习做到有的放矢。

6.4　GCN 的问题——过平滑

引文 [7, 8] 都指出了 GCN 模型无法像视觉任务中的 CNN 模型一样堆叠很深，一且使用多层 GCN 进行学习，相关的任务效果就会急剧下降。这使得在某些场景中，GCN 的学习能力将非常有限。

在引文 [7] 中，作者在 Core 数据集上做了一个实验，直观地展示了多层 GCN 所遇到的这个问题，如图 6-11 所示。

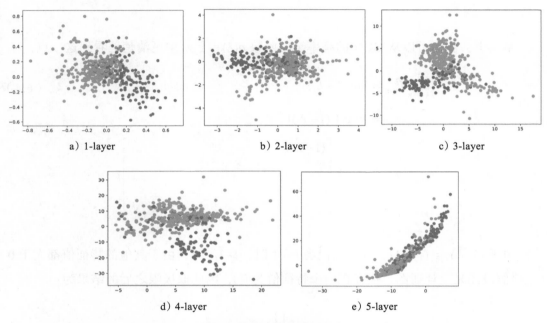

a) 1-layer　　　　　　　b) 2-layer　　　　　　　c) 3-layer

d) 4-layer　　　　　　　e) 5-layer

图 6-11　GCN 效果随层数增加而发生的变化

图 6-11 是 Cora 数据集分别经过一个 1 至 5 层的 GCN 后节点的表示向量的散点图，数据的原始输入是 16 维，最后模型的输出层是 2 维。观察该图，我们可以发现，在一层 GCN 模型下，两类节点并不能很好地区分，在二层 GCN 模型下，两类节点已经能很好地区分，如果继续加深模型的层数，两类节点会逐渐混合在一起，区分度将大大降低。

通过上面这个例子，我们可以发现，在使用多层 GCN 之后，节点的区分性变得越来越差，节点的表示向量趋于一致，这使得相应的学习任务变得更加困难。我们将这个现象称为多层 GCN 的过平滑（Over-Smooth）问题。

在 6.3 节中我们论证过，GCN 相当于对输入信号做了一个低通滤波的操作，这会使信号变得更加平滑，这也是 GCN 模型的一个内在优势。但是，过犹不及，多次执行这类对信号不断平滑的操作之后，信号会越来越趋同，也就丧失了节点特征的多样性。下面我们分别从频域和空域视角去理解过平滑问题。

1. 频域视角

事实上，我们可以从 GCN 的频率响应函数 $p(\lambda) = 1 - \tilde{\lambda}_i$ 中更清楚地看到这一点。

$$
\begin{aligned}
\lim_{k \to +\infty} \tilde{L}_{\text{sym}}^k &= \lim_{k \to +\infty} (I - \tilde{L}_s)^k \\
&= \lim_{k \to +\infty} (V(1 - \tilde{\Lambda})V^{\mathrm{T}})^k \\
&= \lim_{k \to +\infty} V \begin{bmatrix} (1-\tilde{\lambda}_1)^k & & & \\ & (1-\tilde{\lambda}_2)^k & & \\ & & \ddots & \\ & & & (1-\tilde{\lambda}_N)^k \end{bmatrix} V^{\mathrm{T}}
\end{aligned}
\tag{6.4}
$$

由于 $(1-\tilde{\lambda}_i) \in (-1, 1]$，且当且仅当 $i = 1$ 时，$1-\tilde{\lambda}_1 = 1$，由于其他的特征值都大于 0（这里假设图是全连通图，仅存在一个特征值为 0），因此取极限之后的结果为：

$$
\lim_{k \to +\infty} \tilde{L}_{\text{sym}}^k = V \begin{bmatrix} 1 & & & \\ & 0 & & \\ & & \ddots & \\ & & & 0 \end{bmatrix} V^{\mathrm{T}}
\tag{6.5}
$$

如果设图信号为 $\boldsymbol{x}$，则有：

$$
\lim_{k \to +\infty} \tilde{L}_{\text{sym}}^k \boldsymbol{x} = V \begin{bmatrix} 1 & & & \\ & 0 & & \\ & & \ddots & \\ & & & 0 \end{bmatrix} V^{\mathrm{T}} \boldsymbol{x} = \langle \boldsymbol{x} \cdot \boldsymbol{v}_1 \rangle \boldsymbol{v}_1 = \tilde{x}_1 \boldsymbol{v}_1
\tag{6.6}
$$

其中 $\boldsymbol{v}_1$ 是 $\tilde{L}_s$ 的最小频率 $\tilde{\lambda}_1 = 0$ 对应的特征向量，$\tilde{x}_1$ 表示信号 $\boldsymbol{x}$ 在对应频率 $\tilde{\lambda}_1$ 的傅里叶系数。

由于 $\tilde{L}_s\tilde{D}^{1/2}\mathbf{1} = \tilde{D}^{-1/2}L\tilde{D}^{-1/2}\tilde{D}^{1/2}\mathbf{1} = \tilde{D}^{-1/2}L\mathbf{1} = \tilde{D}^{-1/2}\mathbf{0} = \mathbf{0}$，即 $\tilde{L}_s(\tilde{D}^{1/2}\mathbf{1}) = \mathbf{0}$（这里使用到了一个性质——拉普拉斯矩阵 L 存在值全为 1 的特征向量，其对应特征值为 0）。

因此，$v_1 = \tilde{D}^{1/2}\mathbf{1}$ 是 $\tilde{L}_s$ 在 $\tilde{\lambda}_1$ 处的特征向量，该向量是一个处处相等的向量。所以，如果对一个图信号不断地执行平滑操作，图信号最后就会变得处处相等，也就完全没有可区分性了。

2. 空域视角

在引文 [8] 中，作者从空域角度解释了为什么多层 GCN 会出现效果不好的现象。从空域来看，GCN 的本质是在聚合邻居信息，对于图中的任意节点而言，节点的特征每更新一次，就多聚合了更高一阶邻居节点的信息。如果我们把最高邻居节点的阶数称为该节点的聚合半径，我们可以发现，随着 GCN 层数的增加，节点的聚合半径也在增长，一旦到达某个阈值，该节点可覆盖的节点几乎与全图节点一致。同时，如果层数足够多，每个节点能覆盖到的节点都会收敛到全图节点，这与哪个节点是无关的。这种情况的出现，会大大降低每个节点的局部网络结构的多样性，对于节点自身特征的学习十分不利。

图 6-12 所示为对方块节点的邻居信息进行聚合的结果，不同的是 a 图中的方块节点处于图的中心，而 b 图中的方块节点处于图的边缘。在 4 层 GCN 之后，a、b 两图的方块节点的聚合半径虽然一致，但是覆盖的节点却是非常不一样的，如图中的蓝色节点所示。如果继续增加一层 GCN，b 图中的节点可覆盖的节点会迅速扩大，从而覆盖图中中心区域的节点，如 c 图中的蓝色节点所示。这种突变现象导致两个方块节点聚合的节点网络趋于一致，模型对于 a 图、b 图中两个节点的区分将会变得十分困难。

关于如何应对过平滑，上文基于聚合半径与模型层数的关系，提出了自适应性聚合半径的学习机制，其实现的方式十分直观，就是通过增加跳跃连接来聚合模型的每层节点的输出，聚合后的节点特征拥有混合性的聚合半径，上层任务可对其进行选择性的监督学习，这样对于任意一个节点而言，既不会因为聚合半径过大而出现过平滑的问题，也不会因为聚合半径过小，使得节点的结构信息不能充分学习（见图 6-13）。

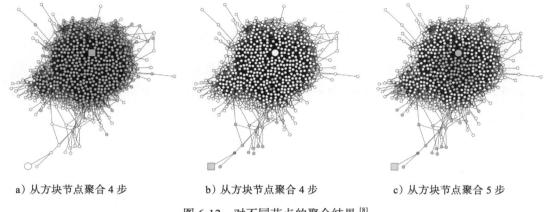

a) 从方块节点聚合 4 步   b) 从方块节点聚合 4 步   c) 从方块节点聚合 5 步

图 6-12   对不同节点的聚合结果 [8]

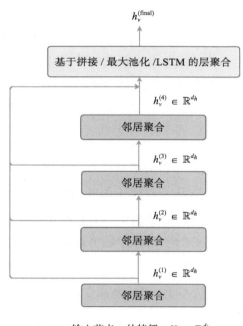

图 6-13   聚合过程 [8]

图 6-13 说明了这种层级聚合的学习机制，在图 6-13 中，4 层图模型的输出都会通过跳跃连接与最终的聚合层相连，聚合操作可以取如拼接、平均池化、最大池化等，聚合层的输出会作为整个模型的输出送到相应的监督任务中进行学习。

另一种方法是回到频率视角去调节图滤波器的值，在引文 [9] 中，使用了重新分配权重的方式来增加 $\tilde{A}$ 中节点自连接的权重：

$$A'_{ij} = \begin{cases} A_{ij}p/\deg(v_i), \text{ if } i \neq j \\ 1-p, \text{ if } i = j \end{cases} \tag{6.7}$$

如式（6.7）所示，可以通过调节 p 的值对节点自身的权重进行重新分配。当 p 接近 1 时，模型趋向于不使用自身的信息，从频域来看，这加速了模型低通滤波的效应；当 p 接近 0 时，模型趋向于不聚合邻居的信息，从频域来看，这减缓了模型低通滤波的效应。

6.5　参考文献

[1]　Perozzi B, Al-Rfou R, Skiena S. Deepwalk: Online learning of social representations[C]// Proceedings of the 20th ACM SIGKDD international conference on Knowledge discovery and data mining. ACM, 2014: 701-710.

[2]　Boris Weisfeiler and AA Lehman. A reduction of a graph to a canonical form and an algebra arising during this reduction. Nauchno-Technicheskaya Informatsia, 2 (9):12–16, 1968.

[3]　Xu K, Hu W, Leskovec J, et al. How powerful are graph neural networks?[J]. arXiv preprint arXiv:1810.00826, 2018.

[4]　Maehara T. Revisiting Graph Neural Networks: All We Have is Low-Pass Filters[J]. arXiv preprint arXiv:1905.09550, 2019.

[5]　Wu F, Zhang T, Souza Jr A H, et al. Simplifying graph convolutional networks[J]. arXiv preprint arXiv:1902.07153, 2019.

[6]　Li Q, Wu X M, Liu H, et al. Label efficient semi-supervised learning via graph filtering[C]//Proceedings of the IEEE Conference on Computer Vision and Pattern Recognition. 2019: 9582-9591.

[7]　Li Q, Han Z, Wu X M. Deeper insights into graph convolutional networks for semi-

supervised learning[C]//Thirty-Second AAAI Conference on Artificial Intelligence. 2018.

[8] Xu K, Li C, Tian Y, et al. Representation learning on graphs with jumping knowledge networks[J]. arXiv preprint arXiv:1806.03536, 2018.

[9] Chen Z M, Wei X S, Wang P, et al. Multi-Label Image Recognition with Graph Convolutional Networks[C]//Proceedings of the IEEE Conference on Computer Vision and Pattern Recognition. 2019: 5177-5186.

## 第 7 章

GNN 的变体与框架

作为深度学习与图数据结合的代表性方法，GCN 的出现带动了将神经网络技术运用于图数据的学习任务中去的一大类方法，为了给出一个涵盖更广范围的定义，一般我们统称这类方法为图神经网络，即 Graph Neural Networks（GNN）。

在之前的章节我们提到从空域视角看 GCN，本质上就是一个迭代式地聚合邻居的过程，这启发了一大类模型对于这种聚合操作的重新设计，这些设计在某些方面大大加强了 GNN 对于图数据的适应性。基于对这些设计的解构，一些 GNN 的通用表达框架也相继被提出，这些框架从更加统一的层面抽象出了 GNN 的一般表达方式，为 GNN 的模型设计工作提供了统一范式。

在本章中，我们就上述两个方面的内容进行讲解来加强读者对 GNN 的认识。本章的前三节分别介绍了 3 种 GNN 的典型变体模型。在 7.4 节，我们同时介绍了 3 种 GNN 的通用表达框架。7.5 节针对 GraphSAGE 模型，准备了相应的实战内容。

7.1 GraphSAGE

本节介绍的 GraphSAGE [1] 从两个方面对 GCN 做了改动，一方面是通过采样邻居的策略将 GCN 由全图（full batch）的训练方式改造成以节点为中心的小批量（mini batch）训练方式，这使得大规模图数据的分布式训练成为可能；另一方面是该算法对聚合邻居的操作进行了拓展，提出了替换 GCN 操作的几种新的方式。

7.1.1 采样邻居

在之前的 GCN 模型中，训练方式是一种全图形式，也就是一轮迭代，所有节点样本的损失只会贡献一次梯度数据，无法做到 DNN 中通常用到的小批量式更新，这从梯度更新的次数而言，效率是很低的。另外，对于很多实际的业务场景数据而言，图的规模往往是十分巨大的，单张显卡的显存容量很难达到一整张图训练时所需的空间，为此采用小批量的训练方法对大规模图数据的训练进行分布式拓展是十分必要的。GraphSAGE 从聚合邻居的操作出发，对邻居进行随机采样来控制实际运算时节点 k 阶子图的数据规模，在此基础上对采样的子图进行随机组合来完成小批量式的训练。

在 GCN 模型中，我们知道节点在第 $(k + 1)$ 层的特征只与其邻居在 k 层的特征有关，这种局部性质使得节点在第 k 层的特征只与自己的 k 阶子图有关。对于图 7-1 中的中心节点（橙色节点），假设 GCN 模型的层数为 2，若要想得到其第 2 层特征，图中所有的节点都需要参与计算。

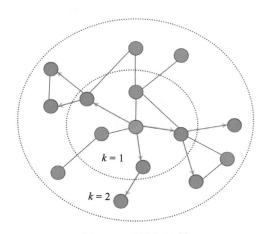

图 7-1 采样邻居[1]

虽然根据上述阐述，我们只需要考虑节点的 k 阶子图就可以完成对节点高层特征的计算，但是对于一个大规模的图数据来说，我们直接将此思路迁移过来仍然存在以下的两个问题：

（1）子图的节点数存在呈指数级增长的问题。假设图中节点度的均值为 $\bar{d}$，执行 k 层 GCN，则 k 阶子图平均出现 $1 + \bar{d} + \bar{d}^2 + \cdots + \bar{d}^k$ 个节点，如果 $\bar{d} = 10$，$k = 4$，那么就有 11111 个节点要参与计算，这会导致很高的计算复杂度。

（2）真实世界中图数据节点的度往往呈现幂律分布，一些节点的度会非常大，我们称这样的节点为超级节点，在很多图计算的问题中，超级节点都是比较难处理的对象。在这里，由于超级节点本身邻居的数目就很大，再加上子图节点数呈指数级增长的问题，这种类型节点高层特征计算的代价会变得更加高昂。

对于上述两种情况的出现，遍历子图的时间代价、模型训练的计算代价与存储代价都会变得十分不可控。为此，GraphSAGE 使用了非常自然的采样邻居的操作来控制子图发散时的增长率。具体做法如下：设每个节点在第 k 层的邻居采样倍率为 S_k（该参数为 GraphSAGE 算法的超参数，由用户自行设计与调节），即每个节点采样的一阶邻居总数不超过 S_k，那么对于任意一个中心节点的表达计算，所涉及的总节点数将在 $O\left(\prod_{k=1}^{K} S_k\right)$ 这个级别。对于一个两层的模型来说，如果设 $S_1 = 3$，$S_2 = 2$，则总的节点数不会超过 $1 + 3 + 3 \times 2 = 10$ 个。这里对节点采样，GraphSAGE 选择了均匀分布，事实上根据工程效率或者数据的业务背景，我们可以采用其他形式的分布来替代均匀分布 [2][3][4]。

GraphSAGE 通过采样邻居的策略，使得子图节点的规模始终维持在阶乘级别以下，同时也从工程上给模型层数的增加节省出了相应空间。

7.1.2　聚合邻居

GraphSAGE 研究了聚合邻居操作所需的性质，并且提出了几种新的聚合操作（aggregator），需满足如下条件：

（1）聚合操作必须要对聚合节点的数量做到自适应。不管节点的邻居数量怎么变化，进行聚合操作后输出的维度必须是一致的，一般是一个统一长度的向量。

（2）聚合操作对聚合节点具有排列不变性。对于我们熟知的 2D 图像数据与 1D 序列数据，前者包含着空间顺序，后者则包含着时序顺序，但图数据本身是一种无序的数据结构，对于聚合操作而言，这就要求不管邻居节点的排列顺序如何，输出的结果总是一样的。比如 $\text{Agg}(v_1, v_2) = \text{Agg}(v_2, v_1)$。

当然，从模型优化的层面来看，该种聚合操作还必须是可导的。有了上述性质的保证，聚合操作就能对任意输入的节点集合做到自适应。比较简单的符合这些性质的操作算子有：

（1）平均 / 加和（mean/sum）聚合算子。逐元素的求和与取均值是最直接的一种聚合算子，这类操作是 GCN 中图卷积操作的线性近似，下面给出了求和的聚合公式，W 和 $\boldsymbol{b}$ 是聚合操作的学习参数：

$$\text{Agg}^{\text{sum}} = \sigma(\text{SUM}\{W\boldsymbol{h}_j + \boldsymbol{b}, \forall v_j \in N(v_i)\}) \tag{7.1}$$

（2）池化（pooling）聚合算子。该算子借鉴了 CNN 里的池化操作来做聚合，常见的如最大池化操作，即逐元素取最大值：

$$\text{Agg}^{\text{pool}} = \text{MAX}\{\sigma(W\boldsymbol{h}_j + \boldsymbol{b}), \forall v_j \in N(v_i)\} \tag{7.2}$$

原则上我们可以套用任意一种 DNN 模型对邻居进行最大池化操作之前的特征变换，在上面的例子中，选用了最简单的单层全连接网络对节点的特征进行加工学习。

7.1.3   GraphSAGE 算法过程

在了解了上述两个机制之后，我们来看看 GraphSAGE 实现小批量训练形式的具体过程。

输入：图 $G = (V, E)$；输入特征 $\{\boldsymbol{x}_v, \forall v \in \mathcal{B}\}$；层数 K；权重矩阵 $W^{(k)}, \forall k \in \{1, \cdots, K\}$；非线性函数 σ；聚合操作 $\text{Agg}^{(k)}, \forall k \in \{1, \cdots, K\}$；邻居采样函数 $N^{(k)}: v \to 2^v, \forall k \in \{1, \cdots, K\}$。

输出：所有节点的向量表示 z_v，$v \in \mathcal{B}$。

GraphSAGE 小批量训练的过程

```
1  B^(k) ← B;
2  for k = K...1 do
3      B^(k-1) ← B^(k);
4          for u ∈ B^(k) do
5                  B^(k-1) ← B^(k-1) ∪ N^(k)(u);
6          end
7  end
8  h_u^(0) ← x_v, ∀v ∈ B^(0);
9  for k = 1...K do
10     for u ∈ B^(k) do
11             h_N(u)^(k) ← Agg^(k)({h_u'^(k-1), ∀u' ∈ N^(k)(u)}) ;
12             h_u^(k) ← σ(W^k[h_u^(k-1) ∥ h_N(u)^k]) ;
13             h_u^(k) ← h_u^(k) / ∥h_u^(k)∥_2 ;
14     end
15 end
16 z_u ← h_u^(k), ∀u ∈ B
```

上述算法的基本思路是先将小批集合 $\mathcal{B}$ 内的中心节点聚合操作所要涉及的 k 阶子图一次性全部遍历出来，然后在这些节点上进行 K 次聚合操作的迭代式计算。算法的第 1 ~ 7 行就是描述遍历操作的。我们可以这样来理解这个过程：要想得到某个中心节点第 k 层的特征，就需要采样其在第 $(k-1)$ 层的邻居，然后对第 $(k-1)$ 层的每个节点采样其第 $(k-2)$ 层的邻居，依此类推，直到采样完第 1 层的所有邻居为止。需要注意的是，每层的采样函数可以单独设置，具体可以参考本节采样邻居部分的内容。

上述算法的第 9 ~ 15 行是第二步——聚合操作，其核心体现在第 11 ~ 13 行的 3 个公式上面。第 11 行的式子是调用聚合操作完成对每个节点邻居特征的整合输出，第 12 行是将聚合后的邻居特征与中心节点上一层的特征进行拼接，然后送到一个单层网络里面得到中心节点新的特征向量，第 13 行对节点的特征向量进行归一化处理，将所有节点的向量都统一到单位尺度上。对这 3 行操作迭代 K 次就完成了对 $\mathcal{B}$ 内所有中心节点特征向量的提取。

值得一提的是，GraphSAGE 算法的计算过程完全没有拉普拉斯矩阵的参与，每个节点的特征学习过程仅仅只与其 k 阶邻居相关，而不需要考虑全图的结构信息，这样的方法适合做归纳学习（Inductive Learning）。归纳学习是指可以对在训练阶段见不到的数据（在图数据中，可以指新的节点，也可以指新的图）直接进行预测而不需要重新训练的学习方法，与之相对的是转导学习（Transductive Learning），指所有的数据在训练阶段都可以拿到，学习过程是作用在这个固定的数据上的，一旦数据发生改变，需要重新进行学习训练，典型的比如图上的随机游走算法，一旦图数据发生变动，所有节点的表示学习都需要重新进行。对于 GraphSAGE 算法而言，对于新出现的节点数据，只需要遍历得到 k 阶子图，就可以代入模型进行相关预测。这种特性使得该算法具有十分巨大的应用价值。

总结一下，GraphSAGE 对空域视角下的 GCN 作了一次解构，提出了几种邻居的聚合操作算子，同时通过采样邻居，大大提升了算法的工程价值。在引文 [5] 中，通过该方法完成了对工业级大规模推荐系统的应用，且效果十分显著。

7.2 GAT

本节要介绍的是图注意力网络（Graph Attention Networks，GAT）[6]，它通过注意力机制（Attention Mechanism）来对邻居节点做聚合操作，实现了对不同邻居权重的自适应分配，从而大大提高了图神经网络模型的表达能力。

7.2.1 注意力机制

DNN 中的注意力机制是受到认知科学中人类对信息处理机制的启发而产生的。由于信息处理能力的局限，人类会选择性地关注完整信息中的某一部分，同时忽略其他信息。例如，我们在看一幅画时，通常会把视觉关注焦点放到语义信息更丰富的前景物体上，而减少对背景信息的关注，这种机制大大提高了人类对信息的处理效率。

如图 7-2 所示，我们的视觉会更加关注画面上的猫，这种对视觉信息集中处理的机制在视觉问答场景中被发挥得淋漓尽致。比如，如果要确定上图中的猫在做什么，人类会把视觉信息快速集中在猫的前爪以及面部上，而忽略对其他视觉信息的辨识，从而准确得出图中的猫在睡觉的答案。

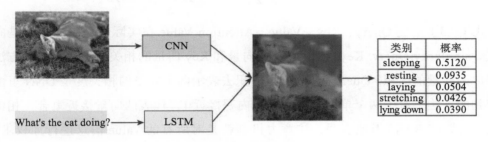

图 7-2　注意力机制的处理过程

可见，注意力机制的核心在于对给定信息进行权重分配，权重高的信息意味着需要系统进行重点加工。下面来进一步阐述神经网络中注意力机制的数学表达形式（见图 7-3 ）：

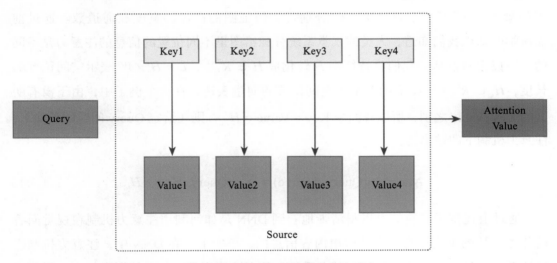

图 7-3　注意力机制的数学表达形式

如图 7-3 所示，Source 是需要系统处理的信息源，Query 代表某种条件或者先验信息，Attention Value 是给定 Query 信息的条件下，通过注意力机制从 Source 中提取得到的信息。一般 Source 里面包含有多种信息，我们将每种信息通过 Key-Value 对的形式表示出来，注意力机制的定义如下：

$$\text{Attention(Query, Source)} = \sum_i \text{similarity(Query, Key}_i) \cdot \text{Value}_i \qquad (7.3)$$

式（7.3）中的 Query、Key、Value、Attention Value 在实际计算时均可以是向量形式。similarity(Query, Key$_i$) 表示 Query 向量和 Key 向量的相关度，最直接的方法是可以取两向量的内积 <Query, Key$_i$>（用内积去表示两个向量的相关度是 DNN 里面经常用到的方法，对于两个单位向量，如果内积接近 1，代表两向量接近重合，相似度就高）。式（7.3）清晰地表明，注意力机制就是对所有的 Value 信息进行加权求和，权重是 Query 与对应 Key 的相关度。

我们可以继续通过上述视觉问答的例子来说明注意力机制是怎样运用的。

首先，显然 Query 应该是代表问题句子"小猫在做什么？"的语义向量表达，一般我们用 LSTM 模型进行提取。Source 表示整张图像在经过 CNN 模型后得到的特征图张量 $H \in R^{H' \times W' \times C'}$，$H'$、$W'$、$C'$ 分别代表特征图的高度、宽度和通道数。通过前面所学的知识我们知道，人类的视觉系统分配给图里不同位置的信息的注意力是不同的。所以很自然地，我们将特征图 H 转化成 $H \in R^{L \times C'}$，$L = H' \times W'$ 表示空间位置的长度，$H_{i,:} \in R^C$ 表示特征图上某个空间位置的向量表达。在这个例子中，由于没有明显的 Key、Value 之别，所以我们令 Key = Value = $H'_{i,:}$，则在给定 Query 问题的条件下，注意力机制下的输出为：

$$\text{Attention(Query, Source)} = \sum_i^L <\text{Query}, H_{i,:}> \cdot H_{i,:} \qquad (7.4)$$

通过上述例子，我们可以很清晰地看到 DNN 是如何利用注意力机制在视觉问答的任务中从图里更加有效地抽取出内容信息的。事实上，在 DNN 中，注意力机制已经被看作一种更具表达力的信息融合手段，其在计算机视觉与自然语言处理中得到了广泛的应用，如在视觉问答、视觉推理、语言模型、机器翻译、机器问答等场景中，注意力机制得到了长足的应用与发展。

7.2.2　图注意力层

本节我们来介绍如何将注意力机制应用到图神经网络聚合邻居的操作中，根据注意力机制里面的三要素：Query、Source、Attention Value，我们可以很自然地将Query 设置为当前中心节点的特征向量，将 Source 设置为所有邻居的特征向量，将Attention Value 设置为中心节点经过聚合操作后的新的特征向量。

正式的定义如下：设图中任意节点 v_i 在第 l 层所对应的特征向量为 $\boldsymbol{h}_i$，$\boldsymbol{h}_i \in R^{d^{(l)}}$，$d^{(l)}$ 表示节点的特征长度，经过一个以注意力机制为核心的聚合操作之后，输出的是每个节点新的特征向量 $\boldsymbol{h}'_i$，$\boldsymbol{h}'_i \in R^{d^{(l+1)}}$，$d^{(l+1)}$ 表示输出的特征向量的长度。我们将这个聚合操作称为图注意力层（Graph Attention Layer，GAL）（见图 7-4）。

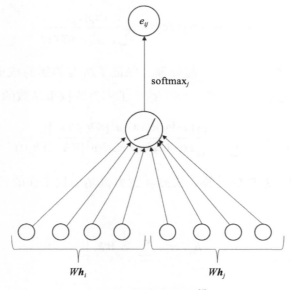

图 7-4　图注意力层 [6]

假设中心节点为 v_i，我们设邻居节点 v_j 到 v_i 的权重系数为：

$$e_{ij} = a(\boldsymbol{W}\boldsymbol{h}_i, \boldsymbol{W}\boldsymbol{h}_j) \tag{7.5}$$

$W \in R^{d^{(l+1)} \times d^{(l)}}$ 是该层节点特征变换的权重参数。$a(\cdot)$ 是计算两个节点相关度的函数，原则上，这里我们可以计算图中任意一个节点到节点 v_i 的权重系数，但是为了简化计算，我们将其限制在一阶邻居内，需要注意的是在 GAT 中，作者将每个节点也视作自己的邻居。关于 a 的选择，前面我们介绍了可以用向量的内积来定义一种无参形式的相关度计算 $<Wh_i, Wh_j>$，也可以定义成一种带参的神经网络层，只要满足 $a:R^{d^{(l+1)}} \times R^{d^{(l+1)}} \rightarrow R$，即输出一个标量值表示二者的相关度即可。此处作者选择了一个单层的全连接层：

$$\mathrm{e}_{ij} = \mathrm{Leaky}\,\mathrm{ReLU}(a^{\mathrm{T}}[Wh_i\|Wh_j]) \tag{7.6}$$

其权重参数 $a \in R^{2d^{(l+1)}}$，激活函数设计为 LeakyReLU。为了更好地分配权重，我们需要将与所有邻居计算出的相关度进行统一的归一化处理，具体形式为 softmax 归一化：

$$\alpha_{ij} = \mathrm{softmax}_j(\mathrm{e}_{ij}) = \frac{\exp(\mathrm{e}_{ij})}{\sum_{v_k \in \tilde{N}(v_i)} \exp(\mathrm{e}_{ik})} \tag{7.7}$$

α 是权重系数，通过式（7.7）的处理，保证了所有邻居的权重系数加和为 1。图 7-4 所示为计算过程的示意图，式（7.8）给出了完整的权重系数的计算公式：

$$\alpha_{ij} = \frac{\exp(\mathrm{Leaky}\,\mathrm{ReLU}(a^{\mathrm{T}}[Wh_i\|Wh_j]))}{\sum_{v_k \in \tilde{N}(v_i)} \exp(\mathrm{Leaky}\,\mathrm{ReLU}(a^{\mathrm{T}}[Wh_i\|Wh_j]))} \tag{7.8}$$

一旦完成上述权重系数的计算，按照注意力机制加权求和的思路，节点 v_i 新的特征向量为：

$$h_i' = \sigma\left(\sum_{v_j \in \tilde{N}(v_i)} \alpha_{ij} Wh_j\right) \tag{7.9}$$

7.2.3　多头图注意力层

为了更进一步提升注意力层的表达能力，可以加入多头注意力机制（multi-head attention），也即对上式调用 K 组相互独立的注意力机制，然后将输出结果拼接在一起：

$$\boldsymbol{h}'_i = \big\|_{k=1}^{K} \sigma \left(\sum_{v_j \in \tilde{N}(v_i)} \alpha_{ij}^{(k)} W^{(k)} \boldsymbol{h}_j \right) \tag{7.10}$$

其中 ‖ 表示拼接操作，$\alpha_{ij}^{(k)}$ 是第 k 组注意力机制计算出的权重系数，$W^{(k)}$ 是对应的学习参数。当然为了减少输出的特征向量的维度，也可以将拼接操作替换成平均操作。

增加多组相互独立的注意力机制，使得多头注意力机制能够将注意力的分配放到中心节点与邻居节点之间多处相关的特征上，可使得系统的学习能力更加强大。多头注意力机制的计算流程如图 7-5 所示，其中不同的颜色表示不同注意力计算过程，图中 $K = 3$，计算完后，将上述结果进行拼接或者平均操作。

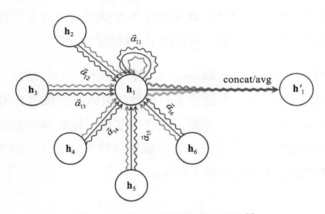

图 7-5　多头注意力机制示意图 [6]

图注意力层比 GCN 里面的图卷积层多了一个自适应的边权重系数的维度。回到 GCN 的核心过程 $\tilde{L}_{\text{sym}} XW$，我们可以将 $\tilde{L}_{\text{sym}}$ 分拆成两个部分，引入一个权重矩阵 $M \in R^{N \times N}$，然后核心过程就变成了 $(\tilde{A} \odot M)XW$。由此可以看到，图注意力模型相较于 GCN 多了一个可以学习的新的维度——边上的权重系数。在之前的模型中，这个权重系数矩阵是图的拉普拉斯矩阵，而图注意力模型可以对其进行自适应的学习，并且通过运用注意力机制，避免引入过多的学习参数。这使得图注意力模型具有非常高效的表达能力。这种机制从图信号处理的角度来看，相当于学习出一个自适应的图位移算子，对应一种自适应的滤波效应。当然，和 GraphSAGE 模型一样，图注意力模型的计算也保留了非常完整的局部性，一样能进行归纳学习。

7.3 R-GCN

在之前介绍的所有 GNN 的变体模型中，都没有显式地考虑节点之间关系的不同，相较于同构图，现实生活中的图数据往往是异构的，即图里面存在不止一种类型的关系。本节要介绍的 R-GCN 就是将图卷积神经网络拓展到这种场景的图数据中去。

7.3.1 知识图谱

一种最典型的包含多种关系的图数据就是知识图谱（Knowledge Graph）。知识图谱是一种规模非常庞大的语义网络，其主要作用是描述通用或专用场景下实体间的关联关系，主要应用场景为搜索引擎、语音助手、智能问答等。

举一个简单的例子，当我们在 Google 上搜索"欧拉"时，结果返回页的右边栏会出现一个卡片。如图 7-6 所示，里面除了有对数学家欧拉的成就介绍外，还分门别类地列出了一些基本情况：生卒年、家庭、教育等信息。搜索引擎能够以这么简单明了的形式列出人物的相关知识，背后离不开知识图谱技术的支持。图 7-6 的右图将卡片中的一些信息以知识图谱的形式展现了出来。

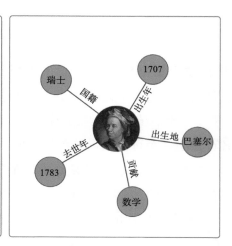

图 7-6　Google 搜索"欧拉"返回的结果⊖

⊖　图片来源：https://zh.wikipedia.org/wiki/ 莱昂哈德·欧拉。

知识图谱的构建所依赖的核心技术是信息抽取与知识构建，该项技术旨在从大规模非结构化的自然语言文本中抽取出结构化信息，该技术决定了知识图谱可持续扩增的能力。而对于一个已有的知识图谱，有的时候还需要基于现存的实体间的关系，通过推理学习得到实体间新的关系并将其补充进知识图谱里面去。作为图数据的一种通用学习手段，将 GNN 应用到该任务上的最大的问题在于如何考量实体间的各种不同关系，而且往往这些关系会有上千种之多，发生过拟合的风险非常高。

7.3.2　R-GCN

R-GCN [7] 基于 GCN 的聚合邻居的操作，又增加了一个聚合关系的维度，使得节点的聚合操作变成一个双重聚合的过程，其核心公式如下：

$$h_i^{(l+1)} = \sigma\left(\sum_{r\in R}\sum_{v_j\in N_{v_i}^{(r)}}\frac{1}{c_{i,r}}W_r^{(l)}h_j^{(l)} + W_o^{(l)}h_i^{(l)}\right) \quad (7.11)$$

R 表示图里所有的关系集合，$N_{v_i}^{(r)}$ 表示与节点 v_i 具有 r 关系的邻居集合。$c_{i,r}$ 用来做归一化，比如取 $c_{i,r}=|N_{v_i}^{(r)}|$。W_r 是具有 r 关系的邻居对应的权重参数，W_o 是节点自身对应的权重参数。

由于 GCN 考虑的是同构图建模，节点之间只存在一种关系，因此 GCN 只需要一组权重参数来对节点的特征进行变换。R-GCN 考虑的是异构图建模，在处理邻居的时候，考量关系的因素对邻居进行分类操作：对于每一种关系的邻居引入不同的权重参数，分别对属于同一关系类型的邻居聚合之后，再进行一次总的聚合，如图 7-7 所示。

图 7-7 所示为 R-GCN 聚合邻居操作的示意图，我们可以清晰地看到这是一个两层的聚合操作：先对同种关系的邻居进行单独聚合，这里对于每一种关系，也同时考虑了关系的正反方向，同时对于自身加入了自连接的关系，在将上述所有不同关系的邻居进行聚合之后，再进行一次总的聚合。

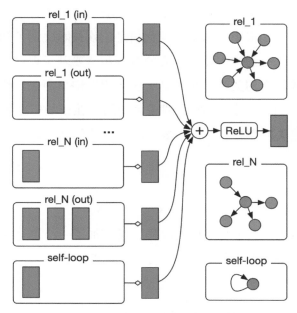

图 7-7　R-GCN 聚合邻居操作 [7]

之前我们提到，一个典型的多关系图数据 – 知识图谱往往包含着大量的关系。如果我们为每一种关系都设计一组权重，那么单层 R-GCN 需要学习的参数量将十分庞大，同时，由于不同关系的节点数量是不一样的，对于一些不常见的关系而言，其权重参数对应的学习数据非常少，这大大增加了过拟合的风险。为了避免上述情况发生，R-GCN 提出了对 W_r 进行基分解（basic decomposition）的方案，即：

$$W_r = \sum_{b=1}^{B} a_{rb} V_b \qquad (7.12)$$

我们称 $V_b \in R^{d^{(l+1)} \times d^{(l)}}$ 为基，a_{rb} 是 W_r 在 V_b 上的分解系数，B 是超参数，控制着 V_b 的个数，V_b、a_{rb} 是取代 W_r 需要学习的参数。通过上式的基分解，我们将 W_r 变成了一组基的线性加和，且对于 $|R|$ 组 W_r，可以反复利用 $|B|$ 组基进行线性加和表示。这样做的好处在于，首先，将需要学习的参数减至原来的 $\dfrac{B \times d^{(l+1)} \times d^{(l)} + |R| \times B}{|R| \times d^{(l+1)} \times d^{(l)}}$，在实际训练的时候，我们可以设置一个较小的 B 值，使得 $B \ll \min(|R|, d^{(l+1)} \times d^{(l)})$ ；其次，基 V_b 的优化是所有的常见或者不常见关系所共享的，这种共享的优化参数可以有效防止非

常见关系数据上过拟合现象的出现。基分解是一种非常常见的数据变换的表示方式（图信号的傅里叶变换中也体现了这种思想），在机器学习中，其作为一种重要的数据处理技巧得到了广泛的应用。

7.4　GNN 的通用框架

在介绍完 GNN 的几种变体后，本节我们来看看 GNN 的通用框架。所谓通用框架，是对多种变体 GNN 网络结构的一般化总结，也是 GNN 编程的通用范式，研究它能够帮助我们更加清晰地横向对比各类 GNN 模型，同时也为 GNN 模型的灵活拓展提供了方向。

下面我们介绍 3 类通用框架：消息传播神经网络（Message Passing Neural Network，MPNN）、非局部神经网络（Non-Local Neural Network，NLNN）、图网络（Graph Network，GN）。MPNN 从聚合与更新的角度归纳总结了 GNN 模型的几种变体，NLNN 是对基于注意力机制的 GNN 模型的一般化总结，在这两种框架之上，GN 做到了对 GNN 模型更全面化的总结。

7.4.1　MPNN

在引文 [8] 中提出了 MPNN，通过消息传播机制对多种 GNN 模型做出了一般化总结。其基本思路为：节点的表示向量都是通过消息函数 M（Message）和更新函数 U（Update）进行 K 轮消息传播机制的迭代后得到的，消息传播的过程如下：

$$m_i^{(k+1)} = \sum_{v_j \in N(v_i)} M^{(k)}(h_i^{(k)}, h_j^{(k)}, e_{ij}) \tag{7.13}$$

$$h_i^{(k+1)} = U^{(k)}(h_i^{(k)}, m_i^{(k+1)}) \tag{7.14}$$

其中 e_{ij} 表示边 $<v_i, v_j>$ 上的特征向量，k 表示第 k 次消息传播，在实际编程中，一般和模型中层的概念等价。

消息函数的输入由边本身以及两侧节点构成，为了方便描述，我们借用 RDF（Resource Description Framework）三元组来表示这样的输入：

$$\text{Soure} \xrightarrow{\text{Predict}} \text{Object}$$

Soure 表示源节点，Object 表示目标节点，Predict 表示源节点到目标节点的关系。这种描述框架非常自然地对应了汉语中的主谓宾三元组短句，如"GNN 属于 Deep Learning"，就描述了"GNN"到"Deep Learning"之间的关系，用 RDF 表示如下：

$$\text{GNN} \xrightarrow{\text{属于}} \text{Deep Learning}$$

在消息函数的作用下，图里面所有的 RDF 都会向外广播消息，之后这些消息都会沿着边的方向传播到 RDF 的两侧节点处进行聚合，聚合后的消息会在之后的更新函数的作用下对节点特征进行更新。图 7-8 所示为 MPNN 计算的示意图：

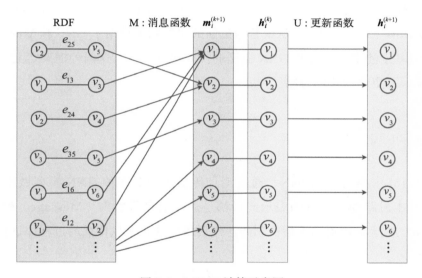

图 7-8 MPNN 计算示意图

需要特别说明的是，上面的 MPNN 并没有对边的表示向量进行迭代更新，该文作者指出，如果有必要的话，比如在某些场景下的图数据中边具有显式的重要意义，可以与节点一样，对边的表示向量始终维护一个状态变量，具体做法可以参考下面 GN 的做法。

MPNN 的核心在于消息函数和更新函数，原则上可以把它们设计成任意一种 DNN 模型。接下来我们看看在消息传播的视角下，该如何确定 GCN、R-GCN、GraphSAGE、Interaction Network [9] 等 GNN 模型中的消息函数与更新函数，如表 7-1 所示：

表 7-1　模型中的消息函数与更新函数

模型	消息函数	更新函数
GCN	$M(\boldsymbol{h}_i^{(k)}, \boldsymbol{h}_j^{(k)}) = \tilde{L}_{\text{sym}}[i, j]W^{(k)}\tilde{\boldsymbol{h}}_j^{(k)}$	$U(\boldsymbol{m}_i^{(k+1)}) = \sigma(\boldsymbol{m}_i^{(k+1)})$
R-GCN	$M(\boldsymbol{h}_j^{(k)}, r) = \dfrac{1}{c_{i,r}}W_r^{(k)}\boldsymbol{h}_j^{(k)}$	$U(\boldsymbol{h}_i^{(k)}, \boldsymbol{m}_i^{(k+1)}) = \sigma(\boldsymbol{m}_i^{(k+1)} + W_o\boldsymbol{h}_i^{(k)})$
GraphSAGE	$\sum M(\boldsymbol{h}_j^{(k)}) = \text{Agg}[\boldsymbol{h}_j^{(k)}, v_j \in N(v_i)]$	$U(\boldsymbol{h}_i^{(k)}, \boldsymbol{m}_i^{(k+1)}) = \sigma(W^{(k)}[\boldsymbol{m}_i^{(k+1)} \| \boldsymbol{h}_i^{(k)}])$
Interaction Network	NN 模型	另一个 NN 模型

由于 MPNN 的消息函数是作用在 RDF 三元组上的，因此其对各种类型的图数据都具有一定的适应性。下面给出对于常见的同构图、异构图、属性图等类型的图数据用 MPNN 框架进行处理的方法，处理的方式不限于此，读者可自行考虑：

（1）同构图：同构图本身是非常容易处理的，唯一特殊的是有向加权图。对于这类图数据，可以将边的正反方向看成两种关系，借用 R-GCN 的思路进行处理，同时对边上的权重可以考虑进邻接矩阵中当作归一化项一并处理。

（2）异构图：可以考虑 R-GCN 方式，另外如果关系不多，可以将关系编码成 one-hot 向量当作边上的特征进行处理。

（3）属性图：之前我们介绍了属性图是很一种应用很广泛的图数据的表达形式。在属性图中，我们需要考虑的因素有节点的异构以及边属性。对于前者，如果我们追求工程上的简化处理，可以在调用 MPNN 之前，对不同类型的节点分别送进变换函数（这些函数可以是任意的 NN 模型）里面，将异构的节点变换到同一维度的同一特征空间里，之后当作节点同构的图处理。对于后者，可以参考关系图的处理方式，这里如果边上具有一些属性信息的话，按照消息函数的机制，需要对其进行特征编码（比如类别型属性特征进行 one-hot 编码或者 embedding 编码）。

7.4.2 NLNN

非局部神经网络（NLNN）[10] 是对注意力机制的一般化总结，上文介绍的 GAT 就可以看作是它的一个特例。NLNN 通过 non-local 操作将任意位置的输出响应计算为所有位置特征的加权和。位置可以是图像中的空间坐标，也可以是序列数据中的时间坐标，在图数据中，位置可以直接以节点代替。

通用的 non-local 操作的定义如下：

$$h_i' = \frac{1}{C(\boldsymbol{h})} \sum_{\forall j} f(\boldsymbol{h}_i, \boldsymbol{h}_j) g(\boldsymbol{h}_j) \qquad (7.15)$$

这里的 i 是输出位置的索引，j 是枚举所有可能位置的索引。$f(\boldsymbol{h}_i, \boldsymbol{h}_j)$ 是 i 和 j 位置上元素之间的相关度函数，$g(\boldsymbol{h}_j)$ 表示对输入 $\boldsymbol{h}_j$ 进行变换的变换函数，因子 $\frac{1}{C(\boldsymbol{h})}$ 用于归一化结果。

同 MPNN 一样，NLNN 的核心也在两个函数上：f 和 g。为了简便，我们可以使用线性变换作为函数 g：$g(\boldsymbol{h}_j) = W_g\boldsymbol{h}_j$，这里 W_g 是需要学习的权重参数。下面我们重点列出函数 f 的一些选择：

1. 内积

函数 f 的最简单的一种形式就是内积：

$$f(\boldsymbol{h}_i, \boldsymbol{h}_j) = \theta(\boldsymbol{h}_i)^{\mathrm{T}} \phi(\boldsymbol{h}_j) \qquad (7.16)$$

这里 $\theta(\boldsymbol{h}_i) = W_\theta\boldsymbol{h}_i$，$\phi(\boldsymbol{h}_j) = W_\phi\boldsymbol{h}_j$，分别表示对输入的一种线性变换，$C(\boldsymbol{h}) = |\boldsymbol{h}_j|$。

2. 全连接

使用输出为一维标量的全连接层定义 f：

$$f(\boldsymbol{h}_i, \boldsymbol{h}_j) = \sigma(\boldsymbol{w}_f^{\mathrm{T}}[\theta(\boldsymbol{h}_i) \| \phi(\boldsymbol{h}_j)]) \qquad (7.17)$$

这里 $\boldsymbol{w}_f$ 是将向量投影到标量的权重参数，$C(\boldsymbol{h}) = |\boldsymbol{h}_j|$。

3. 高斯函数

使用扩展形式的高斯函数：

$$f(\boldsymbol{h}_i, \boldsymbol{h}_j) = \mathrm{e}^{\theta(\mathbf{h}_i)^{\mathrm{T}} \phi(\mathbf{h}_j)} \tag{7.18}$$

其中 $C(\boldsymbol{h}) = \sum\limits_{\forall j} f(\boldsymbol{h}_i, \boldsymbol{h}_j)$，对于给定 i，$\dfrac{1}{C(\boldsymbol{h})}$ 表示沿维度 j 进行归一化之后的值，此时 $\boldsymbol{h}'_i = \mathrm{softmax}_j(\theta(\boldsymbol{h}_i)^{\mathrm{T}} \phi(\boldsymbol{h}_j))g(\boldsymbol{h}_j)$。如果将自然对数 e 的幂指数项改成全连接的形式，就成了 GAT 中的做法。

7.4.3　GN

Graph Network [11] 相较于 MPNN 和 NLNN，对 GNN 做出了更一般的总结。其基本计算单元包含 3 个要素：节点的状态 $\boldsymbol{h}_i$、边的状态 $\boldsymbol{e}_{ij}$、图的状态 $\boldsymbol{u}$。围绕着这 3 个元素，Graph Network 设计了 3 个更新函数 ϕ、3 个聚合函数 ρ，具体如下：

$$\boldsymbol{e}'_{ij} = \phi^{\mathrm{e}}(\boldsymbol{e}_{ij}, \boldsymbol{h}_i, \boldsymbol{h}_j, \boldsymbol{u}) \tag{7.19}$$

$$\overline{\boldsymbol{e}}'_i = \rho^{\mathrm{e} \to h}([\boldsymbol{e}'_{ij}, \forall v_j \in N(v_i)]) \quad \boldsymbol{h}'_i = \phi^{h}(\overline{\boldsymbol{e}}'_i, \boldsymbol{h}_i, \boldsymbol{u}) \tag{7.20}$$

$$\overline{\boldsymbol{e}}' = \rho^{\mathrm{e} \to u}([\boldsymbol{e}'_{ij}, \forall e^{ij} \in E]) \quad \overline{\boldsymbol{h}}' = \rho^{h \to u}([\boldsymbol{h}'_i, \forall v_i \in V]) \quad \boldsymbol{u}' = \phi^{u}(\overline{\boldsymbol{e}}', \overline{\boldsymbol{h}}', \boldsymbol{u}) \tag{7.21}$$

GN 的计算过程如图 7-9 所示，蓝色表示正在被更新的元素，黑色表示正在参与更新计算的元素。GN 的更新思路是非常自然的，由点更新边，边聚合更新点，点聚合与边聚合更新图，当然每个元素在更新的时候还需要考虑自身上一轮的状态。需要注意的是，上述的更新步骤并不是一成不变的，也可以从全局出发到每个节点，再到每条边。另外，全图状态 $\boldsymbol{u}$ 的初始值，可以看成是图的某种固有属性或者先验知识的编码向量。如果除去这个全图状态值的维护，GN 就退化成了一个维护边状态的 MPNN。

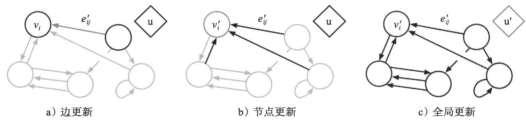

a）边更新　　　　　　　b）节点更新　　　　　　　c）全局更新

图 7-9　GN 的计算过程[11]

GN 对图里面的节点、边、全图都维护了相应的状态，这三者可以分别对应上节点层面的任务、边层面的任务、全图层面的任务。当然在实际场景中，可以依据图数据以及相关任务的实际情况，对 GN 进行相应的简化处理。

7.5　GraphSAGE 实战

本节我们通过代码来介绍 GraphSAGE 以加深读者对相关知识的理解。如 7.1 节所介绍的，GraphSAGE 包括两个方面，一是对于邻居的采样；二是对邻居的聚合操作。

首先来看下对邻居的采样方法，为了实现更高效地采样，可以将节点及其邻居存放在一起，即维护一个节点与其邻居对应关系的表。我们可以通过两个函数 sampling 和 multihop_sampling 来实现采样的具体操作。其中 sampling 是进行一阶采样，根据源节点采样指定数量的邻居节点，multihop_sampling 则是利用 sampling 实现多阶采样的功能。如代码清单 7-1 所示：

代码清单 7-1　对邻居节点进行多阶采样

```
import numpy as np
import torch
import torch.nn as nn
import torch.nn.functional as F
import torch.nn.init as init

def sampling(src_nodes, sample_num, neighbor_table):
    """ 根据源节点采样指定数量的邻居节点，注意使用的是有放回的采样；
    某个节点的邻居节点数量少于采样数量时，采样结果出现重复的节点
```

```
    Arguments:
        src_nodes {list, ndarray} -- 源节点列表
        sample_num {int} -- 需要采样的节点数
        neighbor_table {dict} -- 节点到其邻居节点的映射表

    Returns:
        ndarray -- 采样结果构成的列表
    """
    results = []
    for sid in src_nodes:
        # 从节点的邻居中进行有放回的采样
        res = np.random.choice(neighbor_table[sid], size=(sample_num, ))
        results.append(res)
    return np.asarray(results).flatten()


def multihop_sampling(src_nodes, sample_nums, neighbor_table):
    """ 根据源节点进行多阶采样

    Arguments:
        src_nodes {list, np.ndarray} -- 源节点 id
        sample_nums {list of int} -- 每一阶需要采样的个数
        neighbor_table {dict} -- 节点到其邻居节点的映射

    Returns:
        [list of ndarray] -- 每一阶采样的结果
    """
    sampling_result = [src_nodes]
    for k, hopk_num in enumerate(sample_nums):
        hopk_result = sampling(sampling_result[k], hopk_num, neighbor_table)
        sampling_result.append(hopk_result)
    return sampling_result
```

这样采样得到的结果仅是节点的 ID，还需要根据节点 ID 去查询每个节点的特征，以进行聚合操作更新特征。

下面根据式（7.1）和式（7.2）来实现邻居的聚合操作，计算的过程定义在 forward 函数中，输入 neighbor_feature 表示需要聚合的邻居节点的特征，它的维度为 $N_{src} \times N_{neighbor} \times D_{in}$，其中 N_{src} 表示源节点的数量，$N_{neighbor}$ 表示邻居节点的数量，D_{in} 表示输入的特征维度。将这些邻居节点的特征经过一个线性变换得到隐层特征，这

样就可以沿着第 1 个维度进行聚合操作了，包括求和、均值和最大值，得到维度为 $N_{src} \times D_{in}$ 的输出。如代码清单 7-2 所示：

代码清单 7-2　邻居聚合

```python
class NeighborAggregator(nn.Module):
    def __init__(self, input_dim, output_dim,
                 use_bias=False, aggr_method="mean"):
        """邻居聚合方式实现

        Arguments:
        ----------
            input_dim {int} -- 输入特征的维度
            output_dim {int} -- 输出特征的维度

        Keyword Arguments:
        -----------------
            use_bias {bool} -- 是否使用偏置 (default: {False})
            aggr_method {string} -- 聚合方式 (default: {mean})
        """
        super(NeighborAggregator, self).__init__()
        self.input_dim = input_dim
        self.output_dim = output_dim
        self.use_bias = use_bias
        self.aggr_method = aggr_method
        self.weight = nn.Parameter(torch.Tensor(input_dim, output_dim))
        if self.use_bias:
            self.bias = nn.Parameter(torch.Tensor(self.output_dim))
        self.reset_parameters()

    def reset_parameters(self):
        init.kaiming_uniform_(self.weight)
        if self.use_bias:
            init.zeros_(self.bias)

    def forward(self, neighbor_feature):
        if self.aggr_method == "mean":
            aggr_neighbor = neighbor_feature.mean(dim=1)
        elif self.aggr_method == "sum":
            aggr_neighbor = neighbor_feature.sum(dim=1)
        elif self.aggr_method == "max":
            aggr_neighbor = neighbor_feature.max(dim=1)
        else:
```

```
            raise ValueError("Unknown aggr type, expected sum, max, or mean, but got {}"
                             .format(self.aggr_method))

        neighbor_hidden = torch.matmul(aggr_neighbor, self.weight)
        if self.use_bias:
            neighbor_hidden += self.bias

        return neighbor_hidden
```

　　基于邻居聚合的结果对中心节点的特征进行更新。更新的方式是将邻居节点聚合的特征与经过线性变换的中心节点的特征进行求和或者级联，再经过一个激活函数，得到更新后的特征。如代码清单 7-3 所示：

代码清单 7-3　SageGCN 定义

```
class SageGCN(nn.Module):
    def __init__(self, input_dim, hidden_dim,
                 activation=F.relu,
                 aggr_neighbor_method="mean",
                 aggr_hidden_method="sum"):
        super(SageGCN, self).__init__()
        assert aggr_neighbor_method in ["mean", "sum", "max"]
        assert aggr_hidden_method in ["sum", "concat"]
        self.aggr_neighbor = aggr_neighbor_method
        self.aggr_hidden = aggr_hidden_method
        self.activation = activation
        self.aggregator = NeighborAggregator(input_dim, hidden_dim,
                                             aggr_method=aggr_neighbor_method)
        self.weight = nn.Parameter(torch.Tensor(input_dim, hidden_dim))

    def reset_parameters(self):
        init.kaiming_uniform_(self.weight)

    def forward(self, src_node_features, neighbor_node_features):
        neighbor_hidden = self.aggregator(neighbor_node_features)
        self_hidden = torch.matmul(src_node_features, self.weight)

        if self.aggr_hidden == "sum":
            hidden = self_hidden + neighbor_hidden
        elif self.aggr_hidden == "concat":
            hidden = torch.cat([self_hidden, neighbor_hidden], dim=1)
        else:
```

```
                raise ValueError("Expected sum or concat, got {}"
                                  .format(self.aggr_hidden))
        if self.activation:
            return self.activation(hidden)
        else:
            return hidden
```

　　基于前面定义的采样和节点特征更新方式，就可以实现 7.1.3 节介绍的计算节点嵌入的方法。下面定义了一个两层的模型，隐藏层节点数为 64，假设每阶采样节点数都为 10，那么计算中心节点的输出可以通过以下代码实现。其中前向传播时传入的参数 node_features_list 是一个列表，其中第 0 个元素表示源节点的特征，其后的元素表示每阶采样得到的节点特征。如代码清单 7-4 所示：

代码清单 7-4　GraphSage 模型示例

```
class GraphSage(nn.Module):
    def __init__(self, input_dim, hidden_dim=[64, 64],
                 num_neighbors_list=[10, 10]):
        super(GraphSage, self).__init__()
        self.input_dim = input_dim
        self.num_neighbors_list = num_neighbors_list
        self.num_layers = len(num_neighbors_list)
        self.gcn = []
        self.gcn.append(SageGCN(input_dim, hidden_dim[0]))
        self.gcn.append(SageGCN(hidden_dim[0], hidden_dim[1], activation=None))

    def forward(self, node_features_list):
        hidden = node_features_list
        for l in range(self.num_layers):
            next_hidden = []
            gcn = self.gcn[l]
            for hop in range(self.num_layers - l):
                src_node_features = hidden[hop]
                src_node_num = len(src_node_features)
                neighbor_node_features = hidden[hop + 1] \
                    .view(src_node_num, self.num_neighbors_list[hop], -1)
                h = gcn(src_node_features, neighbor_node_features)
                next_hidden.append(h)
            hidden = next_hidden
        return hidden[0]
```

7.6　参考文献

[1]　Hamilton W, Ying Z, Leskovec J. Inductive representation learning on large graphs[C]//Advances in Neural Information Processing Systems. 2017: 1024-1034.

[2]　Chen J, Ma T, Xiao C. Fastgcn: fast learning with graph convolutional networks via importance sampling[J]. arXiv preprint arXiv:1801.10247, 2018.

[3]　Huang W, Zhang T, Rong Y, et al. Adaptive sampling towards fast graph representation learning[C]//Advances in Neural Information Processing Systems. 2018: 4558-4567.

[4]　Chen J, Zhu J, Song L. Stochastic training of graph convolutional networks with variance reduction[J]. arXiv preprint arXiv:1710.10568, 2017.

[5]　Ying R, He R, Chen K, et al. Graph convolutional neural networks for web-scale recommender systems[C]//Proceedings of the 24th ACM SIGKDD International Conference on Knowledge Discovery & Data Mining. ACM, 2018: 974-983.

[6]　Veličković P, Cucurull G, Casanova A, et al. Graph attention networks[J]. arXiv preprint arXiv:1710.10903, 2017.

[7]　Schlichtkrull M, Kipf T N, Bloem P, et al. Modeling relational data with graph convolutional networks[C]//European Semantic Web Conference. Springer, Cham, 2018: 593-607.

[8]　Gilmer J, Schoenholz S S, Riley P F, et al. Neural message passing for quantum chemistry[C]//Proceedings of the 34th International Conference on Machine Learning-Volume 70. JMLR. org, 2017: 1263-1272.

[9]　Battaglia P, Pascanu R, Lai M, et al. Interaction networks for learning about objects, relations and physics[C]//Advances in neural information processing systems. 2016: 4502-4510.

[10]　Wang X, Girshick R, Gupta A, et al. Non-local neural networks[C]//Proceedings of the IEEE Conference on Computer Vision and Pattern Recognition. 2018: 7794-7803.

[11]　Battaglia P W, Hamrick J B, Bapst V, et al. Relational inductive biases, deep learning, and graph networks[J]. arXiv preprint arXiv:1806.01261, 2018.

## 第 8 章

图 分 类

图分类问题是一个重要的图层面的学习任务。与节点层面的任务不同，图分类需要关注图数据的全局信息，既包含图的结构信息，也包含各个节点的属性信息。给定多张图，以及每张图对应的标签，图分类任务需要通过学习得出一个由图到相应标签的图分类模型，模型的重点在于如何通过学习得出一个优秀的全图表示向量。

图分类任务与视觉图像中的分类任务一样，二者都需要对全局的信息进行融合学习。在 CNN 模型中，通常采用的做法是通过层次化池化（Hierarchical Pooling）机制来逐渐提取全局信息。得益于图数据中规则的栅格结构，固定大小与步长的滑窗使得最大化池化或者平均池化等简单操作都能够比较高效地抽取出高阶信息。然而，对于非规则结构的图数据，这类池化操作的直接迁移变得不可行。在图分类任务中实现层次化池化的机制，是 GNN 需要解决的基础问题。

本章的内容包括 3 个部分：基于一次性全局池化的图分类、基于层次化池化的图分类，以及基于 SAGPool 的图分类模型实战。

8.1 基于全局池化的图分类

在第 7 章中介绍的 MPNN，除了为图中节点的表示学习提出了一般框架外，作者也设计了一个读出（readout）机制对经过 K 轮迭代的所有节点进行一次性聚合操作，从而输出图的全局表示：

$$y = R(\{\boldsymbol{h}_i^{(k)} \mid \forall v_i \in V\}) \tag{8.1}$$

读出机制与 CNN 模型中常用的紧跟最后一个卷积层的全局池化（Global Pooling）操作如出一辙。二者都是通过对所有输入的一次性聚合得到全局表达，且与池化的常见类型一样，读出机制也可以取 Sum、Mean、Max 等类型的函数。

与读出机制十分相似的一种做法是，引文 [1] 通过引入一个与所有节点都相连的虚拟节点，将全图的表示等价于这个虚拟节点的表示。这种思路同时也在 GN 中全局表示 $\boldsymbol{u}$ 的更新过程中得到了体现。

显而易见，读出机制的处理方式丢失了图数据里面丰富的结构信息。其本质上是将输入数据看作一种平整且规则的结构数据，所有的节点都被同等看待，这与图数据本身是相违背的。从这个角度来看，读出机制更能适应的是对小图数据的学习，一方面是因为小图数据中的结构信息相对单一；另一方面是因为经过 K 轮消息传播机制的迭代之后，图中各个节点的表达会更加接近全局表达，此时读出机制也能比较好地提取全局信息。另外，从实际工程层面来看，读出机制易于实现，非常适合作为图分类的基准模型。

8.2 基于层次化池化的图分类

本节以 3 种不同的思路介绍能够实现图数据层次化池化的方案。

（1）基于图坍缩（Graph Coarsening）的池化机制：图坍缩是将图划分成不同的子图，然后将子图视为超级节点，从而形成一个坍缩的图。这类方法正是借用这种方式实现了对图全局信息的层次化学习。

（2）基于 TopK 的池化机制：对图中每个节点学习出一个分数，基于这个分数的排序丢弃一些低分数的节点，这类方法借鉴了 CNN 中最大池化操作的思路：将更重要的信息筛选出来。所不同的是，图数据中难以实现局部滑窗操作，因此需要依据分数进行全局筛选。

（3）基于边收缩（Edge Contraction）的池化机制：边收缩是指并行地将图中的边移除，并将被移除边的两个节点合并，同时保持被移除节点的连接关系，该思路是一种通过归并操作来逐步学习图的全局信息的方法。

8.2.1 基于图坍缩的池化机制

1. 图坍缩

假设对于图 G，通过某种划分策略得到 K 个子图 $\{G^{(k)}\}_{k=1}^{K}$，N_k 表示子图 $G^{(k)}$ 中的节点数，$\Gamma^{(k)}$ 表示子图 $G^{(k)}$ 中的节点列表。

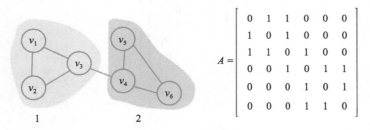

$$A = \begin{bmatrix} 0 & 1 & 1 & 0 & 0 & 0 \\ 1 & 0 & 1 & 0 & 0 & 0 \\ 1 & 1 & 0 & 1 & 0 & 0 \\ 0 & 0 & 1 & 0 & 1 & 1 \\ 0 & 0 & 0 & 1 & 0 & 1 \\ 0 & 0 & 0 & 1 & 1 & 0 \end{bmatrix}$$

图 8-1　图坍缩示例

下面我们给出图坍缩中的两个比较重要的矩阵：

第一个是簇分配矩阵 $S \in R^{N \times K}$，其定义如下：$S_{ij} = 1$ 当且仅当 $v_i \in \Gamma^{(j)}$。

例如，在图 8-1 所示的图坍缩示例中，我们将图 G 划分成两个簇，这两个簇对应了图坍缩之后的两个超级节点，其中 $\Gamma^{(1)} = \{v_1, v_2, v_3\}$，$\Gamma^{(2)} = \{v_4, v_5, v_6\}$。因此：

$$S = \begin{bmatrix} 1 & 0 \\ 1 & 0 \\ 1 & 0 \\ 0 & 1 \\ 0 & 1 \\ 0 & 1 \end{bmatrix}$$

下来我们考察一下 $S^{\mathrm{T}}AS$ 的意义：由于 S^{T} 的第 i 行表示的是所有属于第 i 个簇的节点，依据矩阵乘法可知，$(S^{\mathrm{T}}A)_{ij}$ 表示的是第 i 个簇内所有与节点 v_j (全图中的第 j 个节点) 有关联的连接强度之和。同理可推，$((S^{\mathrm{T}}A)S)_{ij}$ 反映了第 i 个簇与第 j 个簇的连接强度。如图 8-1 中的例子：

$$S^{\mathrm{T}}AS = \begin{bmatrix} 1 & 1 & 1 & 0 & 0 & 0 \\ 0 & 0 & 0 & 1 & 1 & 1 \end{bmatrix} \begin{bmatrix} 0 & 1 & 1 & 0 & 0 & 0 \\ 1 & 0 & 1 & 0 & 0 & 0 \\ 1 & 1 & 0 & 1 & 0 & 0 \\ 0 & 0 & 1 & 0 & 1 & 1 \\ 0 & 0 & 0 & 1 & 0 & 1 \\ 0 & 0 & 0 & 1 & 1 & 0 \end{bmatrix} \begin{bmatrix} 1 & 0 \\ 1 & 0 \\ 1 & 0 \\ 0 & 1 \\ 0 & 1 \\ 0 & 1 \end{bmatrix}$$

$$= \begin{bmatrix} 2 & 2 & 2 & 1 & 0 & 0 \\ 0 & 0 & 1 & 2 & 2 & 2 \end{bmatrix} \begin{bmatrix} 1 & 0 \\ 1 & 0 \\ 1 & 0 \\ 0 & 1 \\ 0 & 1 \\ 0 & 1 \end{bmatrix}$$

$$= \begin{bmatrix} 6 & 1 \\ 1 & 6 \end{bmatrix}$$

如果我们令：

$$A_{\mathrm{coar}} = S^{\mathrm{T}}AS \tag{8.2}$$

A_{coar} 描述了图坍缩之后的超级节点之间的连接强度，其中包含了超级节点自身内部的连接强度，如果只考虑超级节点之间的连接强度，我们可以设置 $A_{\mathrm{coar}}[i, i] = 0$。

第二个是采样算子 $C \in R^{N \times N_k}$，其定义为：$C_{ij}^{(k)} = 1$，当且仅当 $\Gamma_j^{(k)} = v_i$。

其中，$\Gamma_j^{(k)}$ 表示列表 $\Gamma^{(k)}$ 中的第 j 个元素。C 是节点在原图和子图中顺序关系的一

个指示矩阵。比如上例中的 $C^{(1)} = \begin{bmatrix} 1 & 0 & 0 \\ 0 & 1 & 0 \\ 0 & 0 & 1 \\ 0 & 0 & 0 \\ 0 & 0 & 0 \\ 0 & 0 & 0 \end{bmatrix}$，$C^{(2)} = \begin{bmatrix} 0 & 0 & 0 \\ 0 & 0 & 0 \\ 0 & 0 & 0 \\ 1 & 0 & 0 \\ 0 & 1 & 0 \\ 0 & 0 & 1 \end{bmatrix}$。

假设定义在 G 上的一维图信号为 $\boldsymbol{x} \in R^N$，下列两式分别完成了对图信号的下采样与上采样操作：

$$\boldsymbol{x}^{(k)} = (C^{(k)})^{\mathrm{T}} \boldsymbol{x}; \quad \bar{\boldsymbol{x}} = C^{(k)} \boldsymbol{x}^{(k)} \tag{8.3}$$

上述左式完成了对图信号在子图 $G^{(k)}$ 上的采样（切片）功能；右式完成了子图信号 $\boldsymbol{x}^{(k)}$ 在全图的上采样功能，该操作保持子图中节点的信号值不变，同时将不属于该子图的其他节点的值设置为 0。显然，该采样算子也适用于多维信号矩阵 $X \in R^{N \times d}$。

有了采样算子的定义，对于子图 $G^{(k)}$ 的邻接矩阵 $A^{(k)} \in R^{N_k \times N_k}$，可以通过下式获得（事实上，$A^{(k)}$ 也可以通过对 A 进行矩阵的双向切片操作获得）：

$$A^{(k)} = (C^{(k)})^{\mathrm{T}} A C^{(k)} \tag{8.4}$$

根据式（8.4）可以得到上面例子中第一个簇内的邻接矩阵：

$$
\begin{aligned}
A^{(1)} &= (C^{(1)})^{\mathrm{T}} A C^{(1)} \\
&= \begin{bmatrix} 1 & 0 & 0 & 0 & 0 & 0 \\ 0 & 1 & 0 & 0 & 0 & 0 \\ 0 & 0 & 1 & 0 & 0 & 0 \end{bmatrix} \begin{bmatrix} 0 & 1 & 1 & 0 & 0 & 0 \\ 1 & 0 & 1 & 0 & 0 & 0 \\ 1 & 1 & 0 & 1 & 0 & 0 \\ 0 & 0 & 1 & 0 & 1 & 1 \\ 0 & 0 & 0 & 1 & 0 & 1 \\ 0 & 0 & 0 & 1 & 1 & 0 \end{bmatrix} \begin{bmatrix} 1 & 0 & 0 \\ 0 & 1 & 0 \\ 0 & 0 & 1 \\ 0 & 0 & 0 \\ 0 & 0 & 0 \\ 0 & 0 & 0 \end{bmatrix} \\
&= \begin{bmatrix} 0 & 1 & 1 \\ 1 & 0 & 1 \\ 1 & 1 & 0 \end{bmatrix}
\end{aligned}
$$

通过（8.2）与（8.4）两式可以确定簇内的邻接关系以及簇间的邻接关系。进一步来讲，如果能够确定簇内信号的融合方法，将结果表示为超级节点上的信号，那么我们迭代式地重复上述过程，就能获得越来越全局的图信号了。图 8-2 所示为图坍缩与 GNN 结合的过程：该图展示了一个经过 3 个池化层最后坍缩成一个超级节点，然后进行图分类任务的 GNN 模型。图中相同颜色的节点被划分到一个簇上，形成下层的一个超级节点，在得到最后一个超级节点的特征向量之后，紧接着使用了一个三层的 MLP 网络进行图分类任务的学习。

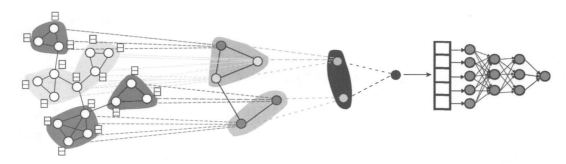

图 8-2　图坍缩与 GNN 结合的过程 [2]

2. DIFFPOOL

DIFFPOOL[2] 是首个将图坍缩过程与 GNN 结合起来进行图层面任务学习的算法。DIFFPOOL 提出了一个可学习的簇分配矩阵。具体来说就是，首先通过一个 GNN 对每个节点进行特征学习，然后通过另一个 GNN 为每个节点学习出所属各个簇的概率分布：

$$Z^{(l)} = \text{GNN}_{l,\,\text{embed}}(A^{(l)}, H^{(l)}) \tag{8.5}$$

$$S^{(l)} = \text{softmax}(\text{GNN}_{l,\,\text{pool}}(A^{(l)}, H^{(l)})) \tag{8.6}$$

其中 $A^{(l)} \in R^{n^{(l)} \times n^{(l)}}$，$S^{(l)} \in R^{n^{(l)} \times n^{(l+1)}}$，$n^{(l)}$ 表示第 l 层的节点数，$n^{(l+1)}$ 表示第 $(l+1)$ 层的节点（簇）数，相较于上面例子中 S 矩阵的硬分配，这里面学习出来的 S 矩阵是一个软分配器，其值表示节点被分配到任意一个簇的概率，由于概率值不为 0，因此这是一个下层超级节点到上层所有节点之间的全连接结构。$\text{GNN}_{l,\,\text{embed}}$、$\text{GNN}_{l,\,\text{pool}}$ 是两个独立的 GNN 层，二者的输入相同，但是参数不同，学习的目的不同。需要强调一点的是，对于最后一层的簇分配矩阵，我们需要直接将该矩阵固定成一个全 "1" 的矩阵，这是因为，此时需要将图坍缩成一个超级节点，由此获得图的全局表示。

有了上述两个式子的输出结果，我们可以对图进行坍缩：

$$H^{(l+1)} = S^{(l)^{\text{T}}} Z^{(l)} \tag{8.7}$$

$$A^{(l+1)} = S^{(l)^{\mathrm{T}}} A^{(l)} S^{(l)} \tag{8.8}$$

本文将上述两个公式称为 DIFFPOOL 层（$(A^{(l)}, Z^{(l)}) \rightarrow (A^{(l+1)}, H^{(l+1)})$）。式（8.7）是对簇内的信息执行融合操作，依据矩阵乘法的行向量计算方式，可以清楚地知道 $S^{(l)^{\mathrm{T}}} Z^{(l)}$ 表示的是对簇内所有节点的特征向量进行加和处理。式（8.8）即为簇间的邻接矩阵的计算。

DIFFPOOL 具有排列不变性：假设 $P \in \{0, 1\}^{n \times n}$ 是一个任意的排列矩阵，只需要保证前面用到的 GNN 层是排列不变的，DIFFPOOL 层就具有排列不变性，即：

$$\mathrm{DIFFPOOL}(A, Z) = \mathrm{DIFFPOOL}(PAP^{\mathrm{T}}, PX) \tag{8.9}$$

排列矩阵的作用是对图中节点进行重排序，比如一个仅有两个节点相连的图，如果我们需要将两个节点的编号进行对调，则对应的排列矩阵 $P = \begin{bmatrix} 0 & 1 \\ 1 & 0 \end{bmatrix}$，排列矩阵是正交的，即 $P^{\mathrm{T}}P = I$。我们可以通过 PX、PAP^{T} 来分别获得重排序之后的特征矩阵与邻接矩阵。

证明：假设我们用到的 GNN 模型是 GCN 模型，GCN 模型是满足排列不变的。设 GCN 的输出 $S = \mathrm{GCN}(A, X) = \mathrm{ReLU}(\tilde{D}^{-1/2} \tilde{A} \tilde{D}^{-1/2} XW)$，现在使用 P 对输入进行重排序，则：

$$\begin{aligned} \mathrm{GCN}(PAP^{\mathrm{T}}, PX) &= \mathrm{ReLU}((P\tilde{D}^{-1/2} \tilde{A} \tilde{D}^{-1/2} P^{\mathrm{T}})(PX)W) \\ &= \mathrm{ReLU}(P\tilde{D}^{-1/2} \tilde{A} \tilde{D}^{-1/2} XW) \\ &= PS \end{aligned} \tag{8.10}$$

这里用到了 $P^{\mathrm{T}}P = I$ 的性质。由此可知，对 GCN 输入节点的顺序进行重排列，输出节点的顺序也会对应排列，但节点输出的表达向量并不会改变。因此，GCN 是具有排列不变性的（也有称这种性质为排列等变性的，这是由于 GCN 所使用的聚合操作是排列不变的，可参考 7.1 节的相关内容）。

接着将此时 GCN 的各个输出值代入 DIFFPOOL 的式（8.7）、式（8.8）中，得到：

$$(PS)^{\mathrm{T}}(PZ) = S^{\mathrm{T}}Z \tag{8.11}$$

$$(PS)^{\mathrm{T}}(PAP^{\mathrm{T}})(PS) = S^{\mathrm{T}}AS \tag{8.12}$$

从所得结果可以看出来，这种重排列操作并没有改变 DIFFPOOL 的两个输出结果。于是式（8.9）得证。

总的来说，如果我们将 GCN 与 DIFFPOOL 合在一起看成一个层，对输入的图数据进行任意的重新编号，输出到下一层的特征矩阵与邻接矩阵并不会改变，这种性质是非常符合直觉的：节点是否重新排序并不应该影响节点聚合成簇的结果。

有了上述 DIFFPOOL 层的定义，我们就可以模仿 CNN 分类模型的结构设计，不断组合堆叠 GNN 层与 DIFFPOOL 层，实现一种可导的、层次化池化的学习机制，并逐渐获得图的全局表示。可能的图分类模型的结构在图 8-2 中已经给出，这里不再赘述。

3. EigenPooling

EigenPooling[3] 也是一种基于图坍缩的池化机制，但是不同于本章介绍的其他方法，EigenPooling 没有对图分类模型引入任何需要学习的参数，这种非参的池化机制与视觉模型中的各类池化层具有很高的类比性，如表 8-1 所示：

表 8-1 EigenPooling 与视觉模型中的池化比较

性质	EigenPooling	视觉模型中的 Pooling
前置层类型	GNN	CNN
作用域	子图	滑窗
作用域的选取	图分区算法（比如用谱聚类对图划分子图）	设定超参数，比如 2×2 的窗口大小
具体池化操作	基于子图的傅里叶变换	取最大值或均值
池化层是否带参	否	否

从表 8-1 中我们可以再一次看到，GNN 模型与 CNN 模型其实是殊途同归的。回到 EigenPooling 的具体过程中，其核心步骤在于作用域的选取以及池化操作，作用域是通过划分子图的方式对图进行分区得到的，这等价于图坍缩的过程，通过这一步可以得到新的超级节点之间的邻接矩阵，池化操作需要考虑的是对作用域内的信息进

行融合，通过这一步可以得到关于新的超级节点的特征矩阵。值得注意的是，在视觉模型中的池化操作的作用域都是规则的栅格结构，比如 2×2 大小的滑窗，滑窗之间没有结构性的区别，而在图坍缩的子图上，作用域内的信息包含了结构信息与属性信息，特别是结构信息，不同的子图间有比较大的区别，因此结构信息的提取也是一个需要重点考虑的问题，EigenPooling 就同时考虑了这两种信息并进行了融合。下面对上述两个步骤进行详细讲解。

（1）图坍缩

与 DIFFPOOL 通过学习出一个簇分配矩阵来进行子图划分不同的是，EigenPooling 中的图坍缩并没有给图分类模型引进任何需要学习的参数，其思路是借用一些图分区的算法来实现图的划分，比如选用谱聚类算法[4]。谱聚类是一类比较典型的聚类算法，其基本思路是先将数据变换到特征空间以凸显更好的区分度，然后执行聚类操作（比如选用 Kmeans 算法进行聚类），算法的输入是邻接矩阵以及簇数 K，输出的是每个节点所属的簇。值得注意的是，这里如果选用 Kmeans 算法进行聚类，那么簇的分配就是一种硬分配，每个节点仅能从属于一个簇，这种硬分配机制保持了图坍缩之后的超级节点之间连接的稀疏性，与之相对的是 DIFFPOOL 中的软分配机制，节点以概率的形式分配到每一个簇中，导致超级节点之间以全连接的形式彼此相连，大大增加了模型的空间复杂度与时间复杂度。

将图进行划分之后，我们调用式（8.2）就可以得到超级节点间的邻接关系，当然，EigenPooling 在这一步并没有考虑超级节点簇内的连接强度。

（2）池化操作

在确定了子图划分以及相应的邻接矩阵之后，我们需要对每个子图内的信息进行整合抽取。在 DIFFPOOL 中选择了对节点特征进行加和，这种处理方式损失了子图本身的结构信息。而 EigenPooling 用子图上的信号在该子图上的图傅里叶变换来代表结构信息与属性信息的整合输出。从第 5 章的学习中我们知道，图信号的频谱展示了图信号在各个频率分量上的强度，它是将图的结构信息与信号本身的信息统一考虑进去，而得到的一种关于图信号的标识信息。因此，EigenPooling 选用了频谱信息来表示子图信息的统一整合。下面给出其具体计算过程：

假设子图 $\mathcal{G}^{(k)}$ 的拉普拉斯矩阵为 $L^{(k)}$，对应的特征向量为 $u_1^{(k)}$，$u_2^{(k)}$，$\cdots$，$u_{N_k}^{(k)}$，然后，使用上采样算子 $C^{(k)}$ 将该特征向量（子图上的傅里叶基）上采样到整个图：

$$\bar{u}_l^{(k)} = C^{(k)} u_l^{(k)}, l = 1...N_k \tag{8.13}$$

为了将上述操作转换成矩阵形式，以得到池化算子 $\Theta_l \in R^{N \times K}$，我们将所有子图的第 l 个特征向量按行方向组织起来形成矩阵 Θ_l，即：

$$\Theta_l = [\bar{u}_l^{(1)}, ..., \bar{u}_l^{(k)}] \tag{8.14}$$

需要注意的是，子图的节点数量是不同的，所以特征向量的数量也不同。用 $N_{\max} = \max_{k=1,\cdots,K} N_k$ 表示子图中的最大节点数。然后，若子图 $\mathcal{G}^{(k)}$ 的节点数小于 $N_{\max}$，可以将 $u_l^{(k)}$（$N_k < l < N_{\max}$）设置为 $\mathbf{0} \in R^{N_k \times 1}$。有了池化算子的矩阵形式，池化过程可描述如下：

$$X_l = \Theta_l^{\mathrm{T}} X \tag{8.15}$$

$X_l \in R^{K \times d}$ 是池化的结果。X_l 的第 k 行表示的是第 k 个超级节点在 Θ_l 作用下的表示向量。按照该机制，我们共需要设计 $N_{\max}$ 个池化算子。为了结合不同池化算子收集到的信息，我们可以采用按列方向拼接的方式，将各个结果连接起来：

$$X_{\mathrm{pooled}} = [X_0, ..., X_{N_{\max}}] \tag{8.16}$$

其中 $X_{\mathrm{pooled}} \in R^{K \times (d \cdot N_{\max})}$ 是 EigenPooling 最终的池化结果。同第 6.3 节中论述的一样，作者在该文中也论证了现实场景下的图数据中低频信息的有效性。因此，为了提高计算效率，我们可以选择使用前 H 个特征向量对应的池化结果，一般为 $H \ll N_{\max}$：

$$X_{\mathrm{coar}} = X_{\mathrm{pooled}} = [X_0, ..., X_H] \tag{8.17}$$

上述计算都在矩阵层面进行，如果将计算回到向量形式上，我们可以更加清楚地看出 EigenPooling 是怎么利用图傅里叶变换对子图信息进行整合的。不失一般性，设全图上的信号为 x，则式（8.15）可描述为：

$$(\bar{\boldsymbol{u}}_l^{(k)})^{\mathrm{T}}\boldsymbol{x} = (\boldsymbol{u}_l^{(k)})^{\mathrm{T}}(C^{(k)})^{\mathrm{T}}\boldsymbol{x} = (\boldsymbol{u}_l^{(k)})^{\mathrm{T}}\boldsymbol{x}^{(k)} \tag{8.18}$$

其输出表示子图上的信号在子图上对应的第 l 个特征向量上的傅里叶系数。式（8.16）的操作过程如图 8-3 所示：

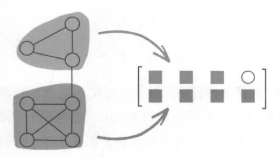

图 8-3　EigenPooling 中子图上的图傅里叶变换

图 8-3 中原图被划分成蓝、红两个子图，由于 $N_{\max} = 4$，所以输出矩阵为 $R^{2 \times 4}$，每行表示的是在该子图信号上的前 4 个图傅里叶系数。

同 DIFFPOOL 一样，如果 EigenPooling 的前置 GNN 层选用 GCN 的话，EigenPooling 整体也将具有排列不变性，具体证明可以从 GCN、图坍缩、池化操作 3 个过程着手，其证明过程与 DIFFPOOL 的证明类似，这里不再赘述。

总的来说，EigenPooling 作为一种不带任何学习参数的池化机制，可以非常方便地整合到一般的 GNN 模型中，实现对图信息的层次化抽取学习。与 DIFFPOOL 相比，其主要优势在于保持了超级节点之间连接的稀疏性，提高了计算效率，同时在进行池化操作时，兼顾了子图内的结构信息与属性信息，这种做法显然更加合理。

8.2.2　基于 TopK 的池化机制

8.2.1 节中介绍的基于图坍缩的池化机制，是一个节点不断聚合成簇的过程，而本节要介绍的基于 TopK 的池化机制，是一个不断丢弃节点的过程，其抓住的是图不同尺度的信息。和 CNN 中基于局部滑窗的池化操作不同的是，TopK 池化将作用域放到全图节点上。具体来说，首先设置一个表示池化率的超参数 k，$k \in (0, 1)$，接着学习出一个表示节点重要度的值 z 并对其进行降排序，然后将全图中 N 个节点下采样至 kN 个节点。用公式表示如下：

$$i = \text{top–rank}(z, kN) \qquad （8.19）$$

$$X' = X_{i,:} \qquad （8.20）$$

$$A' = A_{i,i} \qquad （8.21）$$

$X_{i,:}$ 表示按照向量 i 的值对特征矩阵进行行切片，$A_{i,i}$ 表示按照向量 i 的值对邻接矩阵同时进行行切片与列切片。不同于 DIFFPOOL，若将 N 个节点分配给 kN 个簇，会使得模型需要 kN^2 的空间复杂度来分配簇信息，而基于 Topk 的池化机制，每次只需要从原图中丢弃 $(1-k)N$ 的节点即可。

关于如何学习节点的重要度，引文 [5] 和引文 [6] 分别给出了不同的方法。在引文 [5] 中，作者为图分类模型设置了一个全局的基向量 p，将节点特征向量在该基向量上的投影当作重要度：

$$z = \frac{Xp}{\| p \|} \qquad （8.22）$$

这样的一个投影机制，具有以下双重作用：

（1）可以以投影的大小来确定 Topk 的排序；

（2）投影大小还起到了一个梯度门限的作用，投影较小的节点仅有较小的梯度更新幅度，相对地，投影较大的节点会获得更加充分的梯度信息。

全部细节用公式表示如下：

$$z = \frac{Xp}{\| p \|}, \ i = \text{top–rank}(z, kN) \qquad （8.23）$$

$$X' = (X \odot \tanh(z))_{i,:} \qquad （8.24）$$

$$A' = A_{i,i} \qquad （8.25）$$

在特征矩阵的更新中点乘了一个 $\tanh(z)$，这相当于利用节点的重要度对节点特征做了一次收缩变换，进一步强化了对重要度高的节点的梯度学习。该文将上述过程称为 gpool 层。

相较于基于图坍缩的池化机制对图中所有节点不断融合学习的过程，gpool 层采取了层层丢弃节点的做法来提高远距离节点的融合效率，但是这种做法会使得其缺乏对所有节点进行有效信息融合的手段。因此，为了实现上述目的，作者选择在每一个 gpool 层之后跟随一个读出层，实现对该尺度下的图的全局信息的一次性聚合。读出层的具体实现方式是将全局平均池化与全局最大池化拼接起来：

$$s = \frac{1}{N}\sum_{i=1}^{N}\boldsymbol{x}_i' \parallel \max_{i=1}^{N}\boldsymbol{x}_i' \tag{8.26}$$

最终，为了得到全图的表示，将各层的 $\boldsymbol{s}$ 相加：

$$s = \sum_{l=1}^{L}\boldsymbol{s}^{(l)} \tag{8.27}$$

图 8-4 给出了一种可能的模型结构：

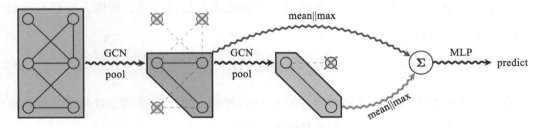

图 8-4　基于 TopK 池化的图分类模型结构

图 8-4 中的模型使用了两层 gpool 层，相应地也设置了两层读出层，之后对两层读出层的输出进行相加得到全图的向量表示，然后送到一个 MLP 里面进行图分类的任务学习。

关于丢弃节点的池化机制，引文 [6] 给出了一种新的方式：自注意力图池化（SAGPool），该方法使用了一个 GNN 对节点的重要度进行学习，相较于 gpool 全局基向量的设计，这种基于 GNN 的方式更好地利用图的结构信息对节点的重要度进行学习。在该文中，作者也基于 SAGPool 层与读出层设计了两套高效的图分类模型，这一部分的细节，我们放到相应的实战中去讲解，这里不再赘述。

8.2.3　基于边收缩的池化机制

本节我们来介绍基于边收缩的池化机制——EdgePool[7]，该方法将边收缩这一图论领域重要的变换操作与端对端的学习机制结合起来，实现了对图数据的层次化池化操作。概括地说，该方法迭代式地对每条边上的节点进行两两归并形成一个新的节点，同时保留合并前两个节点的连接关系到新节点上。这里存在一个问题：每个节点有多条边，但是每个节点只能从属于一条边进行边收缩，那么该如何选择每个节点所从属的边呢？为此，EdgePool 对每条边设计了一个分数，依据该分数进行非重复式的挑选与合并。具体操作如下：

对每条边，计算原始分数 r：

$$r_{ij} = \boldsymbol{w}^{\mathrm{T}}[\boldsymbol{h}_i\|\boldsymbol{h}_j] + b \qquad (8.28)$$

由于每个节点选择哪条边，需要从其局部邻居出发进行考虑，所以，我们对原始分数沿邻居节点进行归一化：

$$s_{ij} = \mathrm{softmax}_j(r_{ij}) \qquad (8.29)$$

得到上述分数之后，接下来对所有的 s_{ij} 进行排序，依次选择该分数最高的且未被选中的两个节点进行收缩操作。细节如图 8-5 所示：

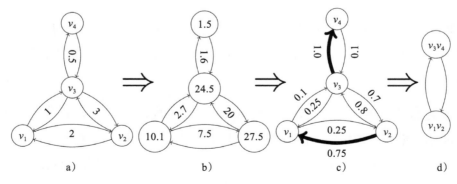

图 8-5　EdgePool 过程 [7]

在图 8-5 中，a 图计算了图中每条边的原始分数 r，对于该无向图，我们将方向进行了双向复制，对于有向图则仅需按方向进行后续操作，b 图计算了 e^r，c 图沿着入边方向对每个节点进行归一化操作，图中加黑的边表示被选中的进行收缩的边。需要注意的是，在确定 $<v_2, v_1>$ 边的时候，尽管 $<v_2, v_3>$ 边上具有更高的分数 0.8，但是 v_3 节点已经被选择与 v_4 节点进行合并，因此选择分数次高的 $<v_2, v_1>$ 边进行收缩，d 图展示了合并之后的结果。

合并之后的节点特征，可以使用求和的方式表示：

$$h_{ij} = s(h_i + h_j), s = \max(s_{ij}, s_{ji}) \qquad (8.30)$$

其中 h_{ij} 表示 v_i 与 v_j 节点合并后的新节点的特征向量，在计算该值的时候，与前面诸多方法一样，同样使用了分数 s 对节点特征进行了收缩处理。如果边上有特征需要处理的话，s_{ij} 与 h_{ij} 的计算可以建立在 RDF 三元组之上，具体形式读者可自行思考。

EdgePool 与 DIFFPOOL 一样，都是不断对图中所有节点进行融合学习，不同的是 DIFFPOOL 需要自行设置聚类簇数，而 EdgePool 利用边收缩将节点归并比率严格控制在 0.5，另外，正是因为利用了边收缩的原理，EdgePool 仅将相近的邻居节点进行归并，这种做法具有如下优点：节点的融合都是从边进行的，这契合了图的结构信息，更加合理；同时该操作也保留了融合之后图中连接的稀疏性，空间复杂度更低。作为一种端对端的池化机制，EdgePool 也可以被广泛地整合到各个 GNN 模型中，以完成对图分类任务的学习。

8.3 图分类实战

本节我们通过代码来实现基于自注意力的池化机制（Self-Attention Pooling）。这种方法的思路是通过图卷积从图中自适应地学习到节点的重要性。具体来说，使用第 5 章中定义的图卷积方式，可以为每个节点赋予一个重要性分数，如式（8.31）所示。

$$Z = \sigma(\tilde{D}^{-1/2}\tilde{A}\tilde{D}^{-1/2}X\Theta_{att}) \qquad (8.31)$$

其中 σ 表示激活函数，$\tilde{A}$ 表示增加了自连接的邻接矩阵，X 表示节点的特征，$\Theta_{att} \in R^{N \times 1}$ 是权重参数，这也是自注意力池化层中唯一引入的参数。关于上述图卷积的实现，参考 5.4 节具体的代码实现，这里不再赘述。

根据节点重要度分数和拓扑结构可以进行池化操作，如式（8.19）所示，舍弃掉部分不太重要的节点，对邻接矩阵和节点特征进行更新，得到池化结果。首先来看如何根据式（8.19）实现节点的选择。代码片段如代码清单 8-1 所示：

代码清单 8-1　根据节点重要度分数进行池化操作

```python
import os
import urllib
import torch
import torch.nn as nn
import torch.nn.init as init
import torch.nn.functional as F
import torch.utils.data as data
import numpy as np
import scipy.sparse as sp
from zipfile import ZipFile
from sklearn.model_selection import train_test_split
import pickle

def top_rank(attention_score, graph_indicator, keep_ratio):
    """ 基于给定的 attention_score, 对每个图进行 pooling 操作
    为了直观地体现 pooling 过程, 我们将每个图单独进行池化, 最后再将它们级联起来进行下一步计算

    Arguments:
    ----------
        attention_score: torch.Tensor
            使用 GCN 计算出的注意力分数, Z = GCN(A, X)
        graph_indicator: torch.Tensor
            指示每个节点属于哪个图
        keep_ratio: float
            要保留的节点比例, 保留的节点数量为 int(N * keep_ratio)
    """
    graph_id_list = list(set(graph_indicator.cpu().numpy()))
    mask = attention_score.new_empty((0,), dtype=torch.bool)
    for graph_id in graph_id_list:
        graph_attn_score = attention_score[graph_indicator == graph_id]
        graph_node_num = len(graph_attn_score)
```

```
        graph_mask = attention_score.new_zeros((graph_node_num,),
                                                 dtype=torch.bool)
        keep_graph_node_num = int(keep_ratio * graph_node_num)
        _, sorted_index = graph_attn_score.sort(descending=True)
        graph_mask[sorted_index[:keep_graph_node_num]] = True
        mask = torch.cat((mask, graph_mask))
    return mask
```

函数 top_rank 接收 3 个参数，一是使用 GCN 得到的节点重要度分数 attention_score；二是指示每个节点属于哪个图的参数 graph_indicator，这里我们将多个需要分类的图放在一起进行批处理，以提高运算速度，graph_indicator 里面包含的数据为 [0, 0, ..., 0, 1, 1, ..., 1, 2, 2, ..., 2...]。需要注意的是，graph_indicator 的标识值需要进行升序排列，同时属于同一个图的节点需要连续排列在一起；三是超参数 keep_ratio，表示每次池化需要保留的节点比例，这是针对单个图而言的，不是整个批处理中所有的数据。实现逻辑上根据 graph_indicator 依次遍历每个图，取出该图对应的注意力分数，并进行排序得到要保留的节点索引，将这些位置的索引设置为 True，得到每个子图节点的掩码向量。将所有图的掩码拼接在一起得到批处理中所有节点的掩码，作为函数的返回值。

接下来，根据得到的节点掩码对图结构和特征进行更新。图结构的更新是根据掩码向量对邻接矩阵进行索引，得到保留节点之间的邻接矩阵，再进行归一化，作为后续 GCN 层的输入。因此我们定义两个功能函数 normalization(adjacency) 和 filter_adjacency(adjacency, mask)。其中 normalization(adjacency) 接收一个 scipy.sparse.csr_matrix，对它进行规范化并转换为 torch.sparse.FloatTensor。另一个函数 filter_adjacency(adjacency, mask) 接收两个参数，一个是池化之前的邻接矩阵 adjacency，它的类型为 torch.sparse.FloatTensor，另一个是函数 top_rank 输出的节点的掩码 mask。为了利用 sicpy.sparse 提供的切片索引，这里将池化之前的 adjacency 转换为 scipy.sparse.csr_matrix，然后通过掩码 mask 进行切片，得到池化后的节点之间的邻接关系，随后再使用函数 normalization 进行规范化，作为下一层图卷积的输入。如代码清单 8-2 所示：

代码清单 8-2　图结构更新

```
def normalization(adjacency):
    """ 计算 L=D^-0.5 * (A+I) * D^-0.5,
    输入为 scipy.sparse, 输出为 torch.sparse.FloatTensor"""
    adjacency += sp.eye(adjacency.shape[0])      # 增加自连接
    degree = np.array(adjacency.sum(1))
    d_hat = sp.diags(np.power(degree, -0.5).flatten())
    L = d_hat.dot(adjacency).dot(d_hat).tocoo()
    # 转换为 torch.sparse.FloatTensor
    indices = torch.from_numpy(np.asarray([L.row, L.col])).long()
    values = torch.from_numpy(L.data.astype(np.float32))
    tensor_adjacency = torch.sparse.FloatTensor(indices, values, L.shape)
    return tensor_adjacency


def filter_adjacency(adjacency, mask):
    device = adjacency.device
    mask = mask.cpu().numpy()
    indices = adjacency.coalesce().indices().cpu().numpy()
    num_nodes = adjacency.size(0)
    row, col = indices
    maskout_self_loop = row != col
    row = row[maskout_self_loop]
    col = col[maskout_self_loop]
    sparse_adjacency = sp.csr_matrix((np.ones(len(row)), (row, col)),
                                     shape=(num_nodes, num_nodes),
                                     dtype=np.float32)
    filtered_adjacency = sparse_adjacency[mask, :][:, mask]
    return normalization(filtered_adjacency).to(device)
```

利用上面介绍的这些功能函数，就可以实现自注意力池化层，该层的输出为池化之后的特征、节点属于哪个子图的标识以及规范化的邻接矩阵。如代码清单 8-3 所示：

代码清单 8-3　基于自注意力机制的池化层

```
class SelfAttentionPooling(nn.Module):
    def __init__(self, input_dim, keep_ratio, activation=torch.tanh):
        super(SelfAttentionPooling, self).__init__()
        self.input_dim = input_dim
        self.keep_ratio = keep_ratio
        self.activation = activation
        self.attn_gcn = GraphConvolution(input_dim, 1)
```

```
def forward(self, adjacency, input_feature, graph_indicator):
    attn_score = self.attn_gcn(adjacency, input_feature).squeeze()
    attn_score = self.activation(attn_score)
    # 获得节点掩码向量
    mask = top_rank(attn_score, graph_indicator, self.keep_ratio)
    # 更新特征矩阵
    hidden = input_feature[mask] * attn_score[mask].view(-1, 1)
    mask_graph_indicator = graph_indicator[mask]
    # 更新图结构
    mask_adjacency = filter_adjacency(adjacency, mask)
    return hidden, mask_graph_indicator, mask_adjacency
```

要进行图分类，还需要全局的池化操作，它将节点数不同的图降维到同一维度。常见的全局池化方式包括取最大值或者均值。下面是这两种方式的实现代码，如代码清单 8-4 所示：

代码清单 8-4　图读出机制

```
# 图全局平均和最大值池化的实现
import torch_scatter
def global_max_pool(x, graph_indicator):
    num = graph_indicator.max().item() + 1
    return torch_scatter.scatter_max(x, graph_indicator, dim=0, dim_size=num)[0]

def global_avg_pool(x, graph_indicator):
    num = graph_indicator.max().item() + 1
    return torch_scatter.scatter_mean(x, graph_indicator, dim=0, dim_size=num)
```

这里我们使用包 torch_scatter 来简化实现的过程，其中用到的两个函数 scatter_mean 和 scatter_max 的原理如图 8-6 所示。

至此，我们就可以定义图分类的模型了。接下来我们定义如图 8-7 所示的两套 SAGPool 模型，其中 a 图仅用了一个池化层，这套模型称为 SAGPool$_g$，"g"代表 global，如代码清单 8-5 的实现；b 图使用了多个池化层，这套模型称为 SAGPool$_h$，"h"表示 hierarchical，如代码清单 8-6 的实现。在论文的实验部分，可以发现 SAGPool$_g$ 比较适合小图分类，SAGPool$_h$ 更适合大图分类。

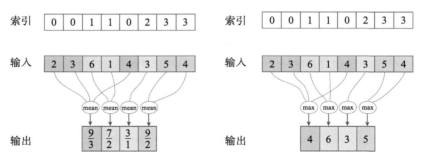

图 8-6　scatter_mean 和 scatter_max 原理示意图

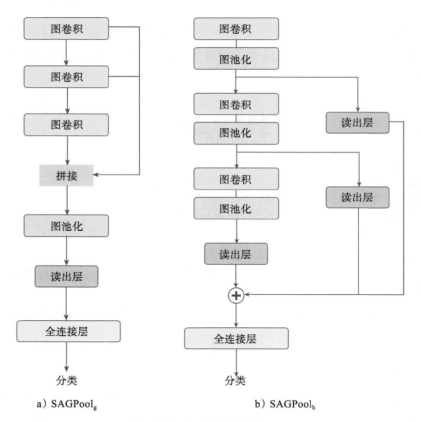

a）SAGPool$_g$　　　　b）SAGPool$_h$

图 8-7　图分类模型

代码清单 8-5　SAGPool$_g$ 模型实现

```python
class ModelA(nn.Module):
    def __init__(self, input_dim, hidden_dim, num_classes=2):
        """图分类模型结构 A

        Arguments:
        ----------
            input_dim {int} -- 输入特征的维度
            hidden_dim {int} -- 隐藏层单元数

        Keyword Arguments:
        ----------
            num_classes {int} -- 分类类别数 (default: {2})
        """
        super(ModelA, self).__init__()
        self.input_dim = input_dim
        self.hidden_dim = hidden_dim
        self.num_classes = num_classes

        self.gcn1 = GraphConvolution(input_dim, hidden_dim)
        self.gcn2 = GraphConvolution(hidden_dim, hidden_dim)
        self.gcn3 = GraphConvolution(hidden_dim, hidden_dim)
        self.pool = SelfAttentionPooling(hidden_dim * 3, 0.5)
        self.fc1 = nn.Linear(hidden_dim * 3 * 2, hidden_dim)
        self.fc2 = nn.Linear(hidden_dim, hidden_dim // 2)
        self.fc3 = nn.Linear(hidden_dim // 2, num_classes)

    def forward(self, adjacency, input_feature, graph_indicator):
        gcn1 = F.relu(self.gcn1(adjacency, input_feature))
        gcn2 = F.relu(self.gcn2(adjacency, gcn1))
        gcn3 = F.relu(self.gcn3(adjacency, gcn2))

        gcn_feature = torch.cat((gcn1, gcn2, gcn3), dim=1)
        pool, pool_graph_indicator, pool_adjacency \
            = self.pool(adjacency, gcn_feature, graph_indicator)

        readout = torch.cat((global_avg_pool(pool, pool_graph_indicator),
                             global_max_pool(pool, pool_graph_indicator)),
                            dim=1)

        fc1 = F.relu(self.fc1(readout))
        fc2 = F.relu(self.fc2(fc1))
```

```
        logits = self.fc3(fc2)

        return logits
```

模型 SAGPool$_h$ 实现如代码清单 8-6 所示。

代码清单 8-6　模型 SAGPool$_h$ 实现

```python
class ModelB(nn.Module):
    def __init__(self, input_dim, hidden_dim, num_classes=2):
        """图分类模型结构B

        Arguments:
        ----------
            input_dim {int} -- 输入特征的维度
            hidden_dim {int} -- 隐藏层单元数

        Keyword Arguments:
        ----------
            num_classes {int} -- 分类类别数 (default: {2})
        """
        super(ModelB, self).__init__()
        self.input_dim = input_dim
        self.hidden_dim = hidden_dim
        self.num_classes = num_classes

        self.gcn1 = GraphConvolution(input_dim, hidden_dim)
        self.pool1 = SelfAttentionPooling(hidden_dim, 0.5)
        self.gcn2 = GraphConvolution(hidden_dim, hidden_dim)
        self.pool2 = SelfAttentionPooling(hidden_dim, 0.5)
        self.gcn3 = GraphConvolution(hidden_dim, hidden_dim)
        self.pool3 = SelfAttentionPooling(hidden_dim, 0.5)

        self.mlp = nn.Sequential(
            nn.Linear(hidden_dim * 2, hidden_dim),
            nn.ReLU(),
            nn.Linear(hidden_dim, hidden_dim // 2),
            nn.ReLU(),
            nn.Linear(hidden_dim // 2, num_classes))

    def forward(self, adjacency, input_feature, graph_indicator):
        gcn1 = F.relu(self.gcn1(adjacency, input_feature))
        pool1, pool1_graph_indicator, pool1_adjacency = \
```

```
        self.pool1(adjacency, gcn1, graph_indicator)
    global_pool1 = torch.cat(
        [global_avg_pool(pool1, pool1_graph_indicator),
         global_max_pool(pool1, pool1_graph_indicator)],
        dim=1)

    gcn2 = F.relu(self.gcn2(pool1_adjacency, pool1))
    pool2, pool2_graph_indicator, pool2_adjacency = \
        self.pool2(pool1_adjacency, gcn2, pool1_graph_indicator)
    global_pool2 = torch.cat(
        [global_avg_pool(pool2, pool2_graph_indicator),
         global_max_pool(pool2, pool2_graph_indicator)],
        dim=1)

    gcn3 = F.relu(self.gcn3(pool2_adjacency, pool2))
    pool3, pool3_graph_indicator, pool3_adjacency = \
        self.pool3(pool2_adjacency, gcn3, pool2_graph_indicator)
    global_pool3 = torch.cat(
        [global_avg_pool(pool3, pool3_graph_indicator),
         global_max_pool(pool3, pool3_graph_indicator)],
        dim=1)

    readout = global_pool1 + global_pool2 + global_pool3

    logits = self.mlp(readout)
    return logits
```

8.4 参考文献

[1] Pham T, Tran T, Dam H, et al. Graph classification via deep learning with virtual nodes[J]. arXiv preprint arXiv:1708.04357, 2017.

[2] Ying Z, You J, Morris C, et al. Hierarchical graph representation learning with differentiable pooling[C]//Advances in Neural Information Processing Systems. 2018: 4800-4810.

[3] Ma Y, Wang S, Aggarwal C C, et al. Graph Convolutional Networks with EigenPooling[J]. arXiv preprint arXiv:1904.13107, 2019.

[4] Von Luxburg U. A tutorial on spectral clustering[J]. Statistics and computing,

2007, 17(4): 395-416.

[5]   Cangea C, Veličković P, Jovanović N, et al. Towards sparse hierarchical graph classifiers[J]. arXiv preprint arXiv:1811.01287, 2018.

[6]   Lee J, Lee I, Kang J. Self-Attention Graph Pooling[J]. arXiv preprint arXiv:1904.08082, 2019.

[7]   Diehl F. Edge Contraction Pooling for Graph Neural Networks[J]. arXiv preprint arXiv:1905.10990, 2019.

第 9 章

基于 GNN 的图表示学习

图数据有着复杂的结构、多样化的属性类型，以及多层面的学习任务，要想充分利用图数据的优势，就需要一种高效的图数据表示方法。与表示学习在数据学习中的重要位置一样，图表示学习也成了图学习领域中十分热门的研究课题。

作为近几年深度学习的新兴领域，GNN 在多个图数据的相关任务上都取得了不俗的成绩，这也显示出了其强大的表示学习能力。毫无疑问，GNN 的出现给图表示学习带来了新的建模方法。表示学习本身具有十分丰富的内涵和外延，在建模方法、学习方式、学习目标、学习任务等方面都有所涵盖。这些内容在前面章节中均有阐述，所以本章我们主要就基于 GNN 的无监督图表示学习进行讲解。这也是出于另一方面的考虑，在实际的应用场景里面，大量的数据标签往往具有很高的获取门槛，研究如何对图数据进行高效的无监督表示学习具有十分重要的价值。

本章内容分 3 节，9.1 节主要从 3 种建模方法上对图表示学习进行对比阐述。9.2 节分别从两类无监督学习目标——重构损失与对比损失，对基于 GNN 的无监督表示学习进行阐述。9.3 节为应用实战，介绍了图数据表示学习的一个典型应用场景——推荐系统。

9.1　图表示学习

在前面我们通常用邻接矩阵 $A \in R^{N \times N}$ 表示图的结构信息，一般来说，A 是一个高维且稀疏的矩阵，如果我们直接用 A 去表示图数据，那么构筑于 A 之上的机器学习模型将难以适应，相关的任务学习难以高效。因此，我们需要实现一种对图数据更加高效的表示方法。而图表示学习的主要目标正是将图数据转化成低维稠密的向量化表示，同时确保图数据的某些性质在向量空间中也能够得到对应。这里图数据的表示可以是节点层面的，也可以是全图层面的，但是作为图数据的基本构成元素，节点的表示学习一直是图表示学习的主要对象。一种图数据的表示如果能够包含丰富的语义信息，那么下游的相关任务，如点分类、边预测、图分类等，就都能得到相当优秀的输入特征，通常在这种情况下，我们直接选用线性分类器对任务进行学习。图 9-1 所示为图表示学习的过程：

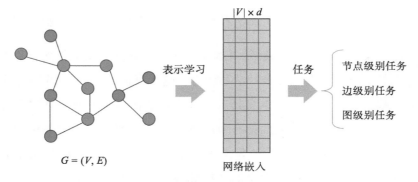

图 9-1　图表示学习的过程

同表示学习一样，图表示学习的核心也是研究数据的表示。不同的是，图表示学习的研究对象是图数据。我们知道图数据中蕴含着丰富的结构信息，这本质上对应着图数据因内在关联而产生的一种非线性结构。这种非线性结构在补充刻画数据的同时，也给数据的学习带来了极大的挑战。因此在这样的背景下，图表示学习就显得格外重要，它具有以下两个重要作用：

（1）将图数据表示成线性空间中的向量。从工程上而言，这种向量化的表示为擅长处理线性结构数据的计算机体系提供了极大的便利。

（2）为之后的学习任务奠定基础。图数据的学习任务种类繁多，有节点层面的、边层面的，还有全图层面的，一个好的图表示学习方法可以统一高效地辅助这些任务的相关设计与学习。

图表示学习从方法上来说，可以分为基于分解的方法、基于随机游走的方法，以及基于深度学习的方法，而基于深度学习的方法的典型代表就是 GNN 相关的方法。下面我们回顾一下前两类方法。

在早期，图节点的嵌入学习一般是基于分解的方法，这类方法通过对描述图数据结构信息的矩阵进行矩阵分解，将节点转化到低维向量空间中去，同时保留结构上的相似性。这种描述结构信息的矩阵有邻接矩阵[1]、拉普拉斯矩阵[2]、节点相似度矩阵[3]。一般来说，这类方法均有解析解，但是由于某结果依赖于相关矩阵的分解计算，因此，这类方法具有很高的时间和空间复杂度。

近几年，词向量方法在语言表示上取得了很大的成功，受该方法启发，一些方法开始将在图中随机游走产生的序列看作句子，将节点看作词，以此类比词向量方法从而学习出节点的表示。典型的方法有 DeepWalk[4]、Node2Vec[5] 等。图 9-2 为 DeepWalk 算法的示意图：

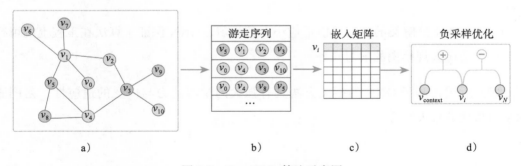

图 9-2　DeepWalk 算法示意图

DeepWalk 通过随机游走将图转化成节点序列，设置中心节点左右距离为 w 的节点为上下文（context），如图 9-2 中的 b 图所示。同词向量方法一样，DeepWalk 本质上建模了中心节点与上下文节点之间的共现关系，这种关系的学习也采用了负采样的优化手段，如图 9-2 中的 d 图所示。DeepWalk 与词向量方法具有十分一致的算法细节，具体公式可以参见第 4 章中词向量的相关部分。

相比基于分解的方法，基于随机游走的方法最大的优点是通过将图转化为序列的方式实现了大规模图的表示学习。但是这类方法有两个缺点：一是将图转化成序列集合，图本身的结构信息没有被充分利用；二是该学习框架很难自然地融合图中的属性信息进行表示学习。

关于 GNN 方法的建模细节，本书作为重要内容在前面的章节中进行了阐述，这里不再赘述。通过之前的学习，我们可以知道基于 GNN 的图表示学习具有以下几点优势：

（1）非常自然地融合了图的属性信息进行学习，而之前的方法大多把图里面的结构信息与属性信息单独进行处理。

（2）GNN 本身作为一个可导的模块，能够嵌入到任意一个支持端对端学习的系统中去，这种特性使得其能够与各个层面的有监督学习任务进行有机结合（或者以微调学习的形式进行结合），学习出更加适应该任务的数据表示。

（3）GNN 的很多模型如 GraphSAGE、MPNN 等都是支持归纳学习的，多数情况下对于新数据的表示学习可以直接进行预测，而不必像之前的多数方法那样重新训练一次。

（4）相较于分解类的方法只能适应小图的学习，GNN 保证了算法在工程上的可行性，也能适应大规模图的学习任务。

综上所述，基于 GNN 的相关方法具有强大的学习能力与广泛的适应性，是图表示学习重要的代表性方法。

9.2　基于 GNN 的图表示学习

凭借强大的端对端学习能力，GNN 这类模型可以非常友好地支持有监督的学习方式。但是 GNN 本身作为一种重要的对图数据进行表示学习的框架，只要与相应的无监督损失函数结合起来就能实现无监督图表示学习。无监督学习的主体在于损失函数的设计，这里我们分两类损失函数分别进行介绍：基于重构损失的 GNN 和基于对比损失的 GNN。

9.2.1　基于重构损失的 GNN

类比自编码器的思路，我们可以将节点之间的邻接关系进行重构学习，为此可以定义如下的图自编码器（Graph Auto Encoder）：

$$Z = \text{GNN}(X, A) \tag{9.1}$$

$$\hat{A} = \sigma(ZZ^{\text{T}}) \tag{9.2}$$

其中，Z 是所有节点的表示，这里借助 GNN 模型同时对图的属性信息与结构信息进行编码学习。$\hat{A}$ 是重构之后的邻接矩阵，这里使用向量的内积来表示节点之间的邻接关系。图自编码器的重构损失定义如下：

$$\mathcal{L}_{\text{recon}} = ||\hat{A} - A||^2 \tag{9.3}$$

由于过平滑的问题，GNN 可以轻易地将相邻节点学习出相似的表达，这就导致解码出来的邻接矩阵 $\hat{A}$ 能够很快趋近于原始邻接矩阵 A，模型参数难以得到有效优化。因此，为了使 GNN 习得更加有效的数据分布式表示，同自编码器一样，我们必须对损失函数加上一些约束目标。比如，我们可以学习降噪自编码器的做法，对输入数据进行一定的扰动，迫使模型从加噪的数据中提取出有用的信息用于恢复原数据。这种加噪的手段包括但不限于下面所列的一种或多种：

（1）对原图数据的特征矩阵 X 适当增加随机噪声或进行置零处理；

（2）对原图数据的邻接矩阵 A 删除适当比例的边，或者修改边上的权重值。

另外，也可以借鉴其他自编码器中的设计思路。接下来，我们看看比较重要的变分图自编码器（Variational Graph Autoencoder，VGAE）[6]。VGAE 的基础框架和变分自编码器一样，不同的是使用了 GNN 来对图数据进行编码学习。下面分 3 个方向来介绍其基础框架，包括推断模型（编码器）、生成模型（解码器）、损失函数。

1. 推断模型

$$q(Z \mid X, A) = \prod_{i=1}^{N} q(z_i \mid X, A) \tag{9.4}$$

$$q(z_i \mid X, A) = \mathcal{N}(z_i \mid \mu_i, \mathrm{diag}(\sigma_i^2)) \tag{9.5}$$

与 VAE 不同的是，这里我们使用两个 GNN 对 μ、σ 进行拟合：

$$\mu = \mathrm{GNN}_\mu(X, A), \log\sigma = \mathrm{GNN}_\sigma(X, A) \tag{9.6}$$

2. 生成模型

$$p(A \mid Z) = \prod_{i=1}^{N} \prod_{j=1}^{N} p(A_{ij} \mid z_i, z_j) \tag{9.7}$$

$$p(A_{ij} = 1 \mid z_i, z_j) = \sigma(z_i^{\mathrm{T}} z_j) \tag{9.8}$$

这里也简单使用了两个节点表示向量的内积来拟合邻接关系。

3. 损失函数

$$\mathcal{L} = \mathcal{L}_{\mathrm{recon}} + \mathcal{L}_{\mathrm{kl}} = -\mathbb{E}_{q(Z\mid X, A)}[\log p(A \mid Z)] + KL[q(Z \mid X, A) \| p(Z)] \tag{9.9}$$

同样地，隐变量 z 的先验分布选用标准正态分布：

$$p(Z) = \prod_i p(z_i) = \prod_i \mathcal{N}(z_i, \mathbf{0}, \mathbf{I}) \tag{9.10}$$

VAE 与 GNN 的结合，不仅可以被用来学习图数据的表示，其更独特的作用是提供了一个图生成模型的框架，能够在相关图生成的任务中得到应用，如引文 [7][8]，用其对化学分子进行指导设计。

9.2.2　基于对比损失的 GNN

对比损失是无监督表示学习中另一种十分常见的损失函数。通常对比损失会设置一个评分函数 $D(\cdot)$，该得分函数会提高"真实"（或正）样本（对）的得分，降低"假"

（或负）样本（对）的得分。

类比词向量，我们将对比损失的落脚点放到词与上下文上。词是表示学习的研究主体，这里自然代表图数据中的节点，上下文代表与节点有对应关系的对象。通常情况下，图里的上下文从小到大依次可以是节点的邻居、节点所处的子图、全图。作为节点与上下文之间存在的固有关系，我们希望评分函数提高节点与上下文对的得分，同时降低节点与非上下文对的得分。可以表示为式（9.11）：

$$\mathcal{L}_{v_i} = -\log(D(z_i, c)) + \log(D(z_i, \bar{c})) \tag{9.11}$$

其中 c 表示上下文的表示向量，$\bar{c}$ 表示非上下文的表示向量。下面我们依次来看看该损失函数在不同上下文时的具体形式。

1. 邻居作为上下文

如果把邻居作为上下文，那么上述对比损失就在建模节点与邻居节点的共现关系。在 GraphSAGE 的论文中就描述了这样一种无监督学习方式，与 DeepWalk 一样，我们可以将在随机游走时与中心节点 v_i 一起出现在固定长度窗口内的节点 v_j 视为邻居，同时通过负采样的手段，将不符合该关系的节点作为负样本。与 DeepWalk 不同是，节点的表示学习模型仍使用 GNN，即：

$$Z = \text{GNN}(X, A) \tag{9.12}$$

$$\mathcal{L}_{v_i} = \log(1-\sigma(z_i^T z_j)) + \mathbb{E}_{v_n \sim p_n(v_i)}\log(\sigma(z_i^T z_{v_n})) \tag{9.13}$$

这里的 p_n 是一个关于节点出现概率的负采样分布，得分函数使用向量内积加 sigmoid 函数，将分数限制在 [0, 1] 内。这个方法在优化目标上与图自编码器基本等同，但是这种负采样形式的对比优化并不需要与图自编码器一样显式地解码出邻接矩阵 $\hat{A}$，由于 $\hat{A}$ 破坏了原始邻接矩阵的稀疏性，因此该方法不需要承担 $O(N^2)$ 的空间复杂度。

2. 将子图作为上下文

将邻居作为上下文时，强调的是节点之间的共现关系，这种共现关系更多反映了图中节点间的距离远近，缺乏对节点结构相似性的捕捉。而通常节点局部结构上的相似性是节点分类任务中一个比较关键的因素 [9]。比如图上两个相距很远的节点如果具有一样的子图结构，基于共现关系的建模方法就难以有效刻画这种结构上的对等性。因此，论文 [10] 就提出直接将子图作为一种上下文进行对比学习。具体子图的定义如图 9-3 所示：

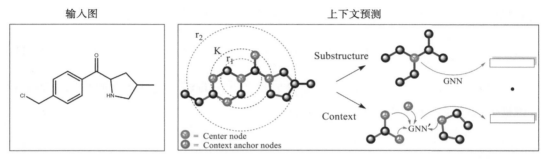

图 9-3   将子图作为上下文进行预测 [10]

对于一个中心节点，如图 9-3 中的红色节点所示，我们用一个 GNN 在其 K 阶子图上提取其表示向量，同时我们将处于中心节点 r_1–hop 与 r_2–hop 之间的节点定义为该中心节点的上下文锚点，如图 9-3 所示。设 $K = 2$，$r_1 = 1$，$r_2 = 4$，我们用另一个 GNN 来提取每个节点作为上下文锚点时的表示向量，同时为了得到一个总的、固定长度的上下文表示向量，我们使用读出机制来聚合上下文锚点的表示向量。用公式表示如下：

$$Z = \mathrm{GNN}(X, A), Z_{\mathrm{context}} = \mathrm{GNN}_{\mathrm{context}}(X, A) \qquad (9.14)$$

$$c_i = R(\{Z_{\mathrm{context}}[j], \forall v_j \text{ 是 } v_i \text{ 的上下文锚点 }\}) \qquad (9.15)$$

$$\mathcal{L}_{v_i} = \log(1-\sigma(z_i^{\mathrm{T}} c_i)) + \log(\sigma(z_i^{\mathrm{T}} c_{j|j \neq i})) \qquad (9.16)$$

3. 全图作为上下文

在引文 [11] 中提出了 Deep Graph Infomax (DGI)[11] 的方法对图数据进行无监督表示学习。该方法实现了一种节点与全图之间的对比损失的学习机制。其具体做法如下：

$$Z = \text{GNN}(X, A),\, \overline{Z} = \text{GNN}(X_{\text{currupt}}, A_{\text{currupt}}) \tag{9.17}$$

$$\boldsymbol{s} = R(\{\boldsymbol{z}_i,\, \forall v_i \in V\}) \tag{9.18}$$

$$\mathcal{L}_{v_i} = \log(1 - D(\boldsymbol{z}_i, \boldsymbol{s})) + \log(D(\overline{\boldsymbol{z}}_i, \boldsymbol{s})) \tag{9.19}$$

首先为了得到负采样样本，需要对图数据进行相关扰动，得到（X_{currupt}、A_{currupt}）具体的加噪方法上文中已有概括。然后将这两组图数据送到同一个 GNN 模型中进行学习。为了得到图的全局表示，我们使用读出机制对局部节点的信息进行聚合。在最后的损失函数中，作者固定了全图表示，对节点进行了负采样的对比学习。这样处理是为了方便后续的节点分类任务。从互信息 [12, 13] 的角度来看，通过一个统一的全局表示最大化全图与节点之间的互信息，这样可以在所有节点的表示之间建立起一层更直接的联系。比如上面提到的相距较远的节点之间的结构相似性的学习问题，这种设计可以保障该性质的高效学习。图 9-4 为上述过程的示意图：

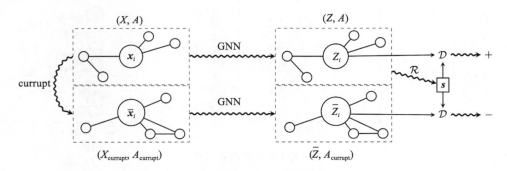

图 9-4　节点与全图对比损失学习机制 [11]

同时在全图层面的无监督学习上，上述损失函数的负样本刚好相反，需要抽取其他图的表示 $\overline{\boldsymbol{s}}$ 来代替，即：

$$\mathcal{L}_s = \mathbb{E}_{v_i \in G_s} \log(1 - D(\boldsymbol{z}_i, \boldsymbol{s})) + \mathbb{E}_{v_i \in G_s} \log(D(\boldsymbol{z}_i, \overline{\boldsymbol{s}})) \tag{9.20}$$

此时，由于是全图层面的任务，所以我们希望通过上式让全图与其所有局部节点之间实现互信息最大化，也即获得全图最有效、最具代表性的特征，这对图的分类任务十分有益。

9.3　基于图自编码器的推荐系统

下面讲解一个基于图自编码器实现简单的推荐任务[14]的例子。推荐系统要建立的是用户与商品之间的关系，这里我们以简化后的用户对商品的评分为例进行介绍，如图 9-5 假设用户与商品之间的交互行为只存在评分，分值从 1 分到 5 分。如果用户 u 对商品 v 进行评分，评分为 r，就是说用户 u 与商品 v 之间存在一条边，边的类型为 r，其中 $r \in R$。基于这种交互关系对用户进行商品推荐实际上就是要预测哪些商品与用户之间可能存在边，这样的问题称为边预测问题。对于这种边预测问题，我们将其看作矩阵补全问题，用户与商品之间的交互行为构成了一个二部图，可以通过用户与商品的邻接矩阵表示为 A，矩阵中的值就是评分，推荐就是要对矩阵没有评分的位置进行预测。

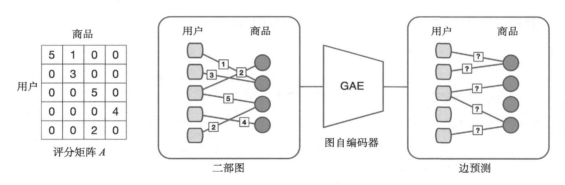

图 9-5　基于图自编码器的推荐[14]

图 9-5 为基于图自编码器的推荐系统的架构图。如图所示，首先将用户 – 商品矩阵转化成用户 – 商品二部图，然后使用图自编码器对二部图进行建模，这里使用 GCN 作为编码器，然后通过解码器对邻接矩阵中的边信息进行重构，由此完成边预测的任务。对于邻接矩阵 A 按照不同的评分 r 进行分解，可以得到每个评分 r 对应的一个邻接矩阵 A_r，它在评分为 V_r 的位置上值为 1，否则为 0。请注意，在这里将不同的评分当作不同的关系进行处理，而不是当作边上的属性进行预测。接下来，使用 R-GCN 双重聚合的思路对节点的表示进行学习：先对同一关系的邻居进行聚合，再对所有的邻居进行聚合。用式子表示如（9.21）所示：

$$h_i = \sigma(\mathrm{Agg}\{\sum_{v_j \in N_{v_i}^{(r)}} \frac{1}{c_{i,r}} W_r h_j, \forall r \in R\}) \qquad (9.21)$$

其中 W_r 是每类评分对应的权重参数，$c_{i,r}$ 是一个归一化参数，可以选择 $|N_i|$ 或者 $\sqrt{|N_i \| N_j|}$。第二重聚合时的函数为 Agg，可以选择拼接、求和或者更复杂的聚合函数，代码清单 9-1 是基于拼接的编码器实现，代码清单 9-2 是基于求和的编码器实现。

代码清单 9-1　基于拼接的编码器

```python
import torch
import torch.nn as nn
import torch.nn.init as init
import torch.nn.functional as F

class StackGCNEncoder(nn.Module):
    def __init__(self, input_dim, output_dim, num_support,
                 use_bias=False, activation=F.relu):
        """对得到的每类评分使用级联的方式进行聚合

        Args:
            input_dim (int): 输入的特征维度
            output_dim (int): 输出的特征维度, 需要 output_dim % num_support = 0
            num_support (int): 评分的类别数, 比如 1~5 分, 值为 5
            use_bias (bool, optional): 是否使用偏置. Defaults to False.
            activation (optional): 激活函数. Defaults to F.relu.
        """
        super(StackGCNEncoder, self).__init__()
        self.input_dim = input_dim
        self.output_dim = output_dim
        self.num_support = num_support
        self.use_bias = use_bias
        self.activation = activation
        assert output_dim % num_support == 0
        self.weight = nn.Parameter(torch.Tensor(input_dim, output_dim))
        if self.use_bias:
            self.bias = nn.Parameter(torch.Tensor(output_dim, ))
        self.reset_parameters()
        self.weight = self.weight.view(
            input_dim, output_dim // num_support, num_support)

    def reset_parameters(self):
        init.kaiming_uniform_(self.weight)
```

```python
        if self.use_bias:
            init.zeros_(self.bias)

    def forward(self, user_supports, item_supports, user_inputs, item_inputs):
        """StackGCNEncoder 计算逻辑

        Args:
            user_supports (list of torch.sparse.FloatTensor):
                归一化后每个评分等级对应的用户与商品邻接矩阵
            item_supports (list of torch.sparse.FloatTensor):
                归一化后每个评分等级对应的商品与用户邻接矩阵
            user_inputs (torch.Tensor): 用户特征的输入
            item_inputs (torch.Tensor): 商品特征的输入

        Returns:
            [torch.Tensor]: 用户的隐层特征
            [torch.Tensor]: 商品的隐层特征
        """
        assert len(user_supports) == len(item_supports) == self.num_support
        user_hidden = []
        item_hidden = []
        for i in range(self.num_support):
            tmp_u = torch.matmul(self.weight[..., i], user_inputs)
            tmp_v = torch.matmul(self.weight[..., i], item_inputs)
            tmp_user_hidden = torch.sparse.mm(user_supports[i], tmp_v)
            tmp_item_hidden = torch.sparse.mm(item_supports[i], tmp_u)
            user_hidden.append(tmp_user_hidden)
            item_hidden.append(tmp_item_hidden)

        user_hidden = torch.cat(user_hidden, dim=1)
        item_hidden = torch.cat(item_hidden, dim=1)

        user_outputs = self.activation(user_hidden)
        item_outputs = self.activation(item_hidden)

        if self.use_bias:
            user_outputs += self.bias
            item_outputs += self.bias_item

        return user_outputs, item_outputs
```

代码清单 9-2　基于求和的编码器

```python
class SumGCNEncoder(nn.Module):
```

```python
def __init__(self, input_dim, output_dim, num_support,
             use_bias=False, activation=F.relu):
    """ 对得到的每类评分使用求和的方式进行聚合

    Args:
        input_dim (int): 输入的特征维度
        output_dim (int): 输出的特征维度, 需要 output_dim % num_support = 0
        num_support (int): 评分的类别数, 比如 1~5 分, 值为 5
        use_bias (bool, optional): 是否使用偏置 . Defaults to False.
        activation (optional): 激活函数 . Defaults to F.relu.
    """
    super(SumGCNEncoder, self).__init__()
    self.input_dim = input_dim
    self.output_dim = output_dim
    self.num_support = num_support
    self.use_bias = use_bias
    self.activation = activation
    self.weight = nn.Parameter(torch.Tensor(input_dim, output_dim * num_support))
    if self.use_bias:
        self.bias = nn.Parameter(torch.Tensor(output_dim, ))
    self.reset_parameters()
    self.weight = self.weight.view(input_dim, output_dim, num_support)

def reset_parameters(self):
    init.kaiming_uniform_(self.weight)
    if self.use_bias:
        init.zeros_(self.bias)

def forward(self, user_supports, item_supports, user_inputs, item_inputs):
    """SumGCNEncoder 计算逻辑

    Args:
        user_supports (list of torch.sparse.FloatTensor):
            归一化后每个评分等级对应的用户与商品邻接矩阵
        item_supports (list of torch.sparse.FloatTensor):
            归一化后每个评分等级对应的商品与用户邻接矩阵
        user_inputs (torch.Tensor): 用户特征的输入
        item_inputs (torch.Tensor): 商品特征的输入

    Returns:
        [torch.Tensor]: 用户的隐藏层特征
        [torch.Tensor]: 商品的隐藏层特征
    """
    assert len(user_supports) == len(item_supports) == self.num_support
```

```
user_hidden = 0
item_hidden = 0
for i in range(self.num_support):
    tmp_u = torch.matmul(self.weight[..., i], user_inputs)
    tmp_v = torch.matmul(self.weight[..., i], item_inputs)
    tmp_user_hidden = torch.sparse.mm(user_supports[i], tmp_v)
    tmp_item_hidden = torch.sparse.mm(item_supports[i], tmp_u)
    user_hidden += tmp_user_hidden
    item_hidden += tmp_item_hidden

user_outputs = self.activation(user_hidden)
item_outputs = self.activation(item_hidden)

if self.use_bias:
    user_outputs += self.bias
    item_outputs += self.bias_item

return user_outputs, item_outputs
```

上面得到的 GCN 编码特征需要再经过一个非线性变换以得到最终的特征，如式（9.22）所示，用户与商品可以共享相同的参数 W，也可以使用不同的变换参数，如代码清单 9-3 所示。

$$\boldsymbol{u}_i = \sigma(\boldsymbol{W}\boldsymbol{h}_i + \boldsymbol{b}) \tag{9.22}$$

代码清单 9-3　非线性变换

```
class FullyConnected(nn.Module):
    def __init__(self, input_dim, output_dim,
                 use_bias=False, activation=F.relu,
                 share_weights=False):
        """非线性变换层

        Args:
            input_dim (int): 输入的特征维度
            output_dim (int): 输出的特征维度，需要 output_dim % num_support = 0
            use_bias (bool, optional): 是否使用偏置. Defaults to False.
            activation (optional): 激活函数. Defaults to F.relu.
            share_weights (bool, optional): 用户和商品是否共享变换权值. Defaults to False.

        """
        super(FullyConnected, self).__init__()
```

```
        self.input_dim = input_dim
        self.output_dim = output_dim
        self.use_bias = use_bias
        self.activation = activation
        self.share_weights = share_weights
        self.linear_user = nn.Linear(input_dim, output_dim, bias=use_bias)
        if self.share_weights:
            self.linear_item = self.linear_user
        else:
            self.linear_item = nn.Linear(input_dim, output_dim, bias=use_bias)

    def forward(self, user_inputs, item_inputs):
        """前向传播

        Args:
            user_inputs (torch.Tensor): 输入的用户特征
            item_inputs (torch.Tensor): 输入的商品特征

        Returns:
            [torch.Tensor]: 输出的用户特征
            [torch.Tensor]: 输出的商品特征
        """
        user_outputs = self.linear_user(user_inputs)
        item_outputs = self.linear_item(item_inputs)
        if self.activation:
            user_outputs = self.activation(user_outputs)
            item_outputs = self.activation(item_outputs)

        return user_outputs, item_outputs
```

　　这样就得到了用户和商品的表达，下面我们根据用户与商品的表达，通过解码器重构邻接矩阵，由于有多种评分等级，需要对每种评分等级进行重构，这里将这个重构转换为一个分类问题来实现，具体来说就是，根据用户和商品的特征得到条件概率 $p(\hat{A}_{ij} = r \mid \boldsymbol{u}_i, \boldsymbol{v}_j)$，这个值通过 softmax 归一化得到，如式（9.23）所示，其中 $Q_r \in R^{d \times d}$，其中 d 为编码特征维度：

$$p(\hat{A}_{ij} = r) = \frac{e^{\boldsymbol{u}_i^T Q_r \boldsymbol{v}_j}}{\sum\limits_{s \in R} e^{\boldsymbol{u}_i^T Q_s \boldsymbol{v}_j}} \qquad (9.23)$$

损失函数选择交叉熵，每类评分的损失通过求和得到，如式（9.24）所示：

$$\mathcal{L} = -\sum_{i,j;\Omega_{ij}=1} \sum_{r=1}^{R} I[r = A_{ij}] \log p(\hat{A}_{ij} = r) \qquad (9.24)$$

下面根据式（9.23）来实现解码器，为了便于实现，将用户与商品之间的邻接矩阵转换为 $(id(\boldsymbol{u}_i),\ id(\boldsymbol{v}_j),\ r)$ 的 RDF 形式，其中的 user_indices 就是所有 RDF 的起点，如代码清单 9-4 所示：

代码清单 9-4　解码器

```python
class Decoder(nn.Module):
    def __init__(self, input_dim, num_classes):
        """ 解码器

        Args:
            input_dim (int): 输入的特征维度
            num_classes (int): 评分级别总数, eg. 5
        """
        super(Decoder, self).__init__()
        self.input_dim = input_dim
        self.num_classes = num_classes
        weights = []
        for i in range(self.num_classes):
            weight = nn.Parameter(torch.Tensor(input_dim, input_dim))
            weights.append(weight)
        self.reset_parameters()

    def reset_parameters(self):
        for weight in self.weights:
            init.kaiming_uniform_(weight)

    def forward(self, user_inputs, item_inputs, user_indices, item_indices):
        """ 计算非归一化的分类输出

        Args:
            user_inputs (torch.Tensor): 用户的隐藏层特征
            item_inputs (torch.Tensor): 商品的隐藏层特征
            user_indices (torch.LongTensor):
                所有交互行为中用户的 id 索引, 与对应的 item_indices 构成一条边,
                shape=(num_edges, )
            item_indices (torch.LongTensor):
                所有交互行为中商品的 id 索引, 与对应的 user_indices 构成一条边,
                shape=(num_edges, )
```

```
Returns:
    [torch.Tensor]: 未归一化的分类输出, shape=(num_edges, num_classes)
"""
user_inputs = user_inputs[user_indices]
item_inputs = item_inputs[item_indices]
outputs = []
for weight in self.weights:
    tmp = torch.matmul(user_inputs, weight)
    out = tmp * item_inputs
    outputs.append(out)

outputs = torch.cat(outputs, dim=1)
return outputs
```

受篇幅所限，此处不再赘述，完整的可运行代码参见前言所附地址。

9.4　参考文献

[1]　S. T. Roweis, L. K. Saul, Nonlinear dimensionality reduction by locally linea embedding, Science 290 (5500) (2000) 2323–2326.

[2]　M. Belkin, P. Niyogi, Laplacian eigenmaps and spectral techniques for embedding and clustering, in: NIPS, Vol. 14, 2001, pp. 585–591.

[3]　M. Ou, P. Cui, J. Pei, Z. Zhang, W. Zhu, Asymmetric transitivity preserving graph embedding, in: Proc. of ACM SIGKDD, 2016, pp. 1105–1114.

[4]　Perozzi B, Al-Rfou R, Skiena S. Deepwalk: Online learning of social representations[C]//Proceedings of the 20th ACM SIGKDD international conference on Knowledge discovery and data mining. ACM, 2014: 701-710.

[5]　Grover A, Leskovec J. node2vec: Scalable feature learning for networks[C]//Proceedings of the 22nd ACM SIGKDD international conference on Knowledge discovery and data mining. ACM, 2016: 855-864.

[6]　Kipf T N, Welling M. Variational graph auto-encoders[J]. arXiv preprint arXiv:1611.07308, 2016.

[7] Simonovsky, Martin and Komodakis, Nikos. Graphvae:Towards generation of small graphs using variational autoencoders. arXiv preprint arXiv:1802.03480, 2018.

[8] Samanta, Bidisha, De, Abir, Ganguly, Niloy, and GomezRodriguez, Manuel. Designing random graph models using variational autoencoders with applications to chemical design. arXiv preprint arXiv:1802.05283, 2018.

[9] Claire Donnat, Marinka Zitnik, David Hallac, and Jure Leskovec. Learning structural node embeddings via diffusion wavelets. In International ACM Conference on Knowledge Discovery and Data Mining (KDD), volume 24, 2018.

[10] Weihua Hu, Bowen Liu, Joseph Gomes, Marinka Zitnik, Percy Liang, Vijay S. Pande and Jure Leskovec. Pre-training Graph Neural Networks. arXiv preprint arXiv:1905.12265,2019.

[11] Veličković P, Fedus W, Hamilton W L, et al. Deep graph infomax[J]. arXiv preprint arXiv:1809.10341, 2018.

[12] Hjelm R D, Fedorov A, Lavoie-Marchildon S, et al. Learning deep representations by mutual information estimation and maximization[J]. arXiv preprint arXiv:1808.06670, 2018.

[13] Melamud O, Goldberger J. Information-theory interpretation of the skip-gram negative-sampling objective function[C]//Proceedings of the 55th Annual Meeting of the Association for Computational Linguistics (Volume 2: Short Papers). 2017: 167-171.

[14] Berg R, Kipf T N, Welling M. Graph convolutional matrix completion[J]. arXiv preprint arXiv:1706.02263, 2017.

第 10 章

GNN 的应用简介

由于图数据具有极其广泛的使用场景，GNN 这项技术的相关应用近年来也得到了长足发展。作为全书的结尾，本章就以 GNN 的应用来阐述其研究现状与未来趋势。

10.1 节对 GNN 的应用作出了一个概括性的简述；10.2 节以 3 个具体的应用案例来说明 GNN 的相关优势；10.3 节我们对 GNN 研究的未来展望进行讨论。

10.1 GNN 的应用简述

GNN 的适用范围非常广泛，既可以处理具有显式关联结构的数据，如药物分子、电路网络等，也可以处理具有隐式关联结构的数据，如图像、文本等。近年来，GNN 被用于解决各行各业的问题，如生物化学领域中的分子指纹识别、药物分子设计、疾病分类等，交通领域中对交通需求的预测、对道路速度的预测，计算机图像处理领域中的目标检测、视觉推理等，自然语言处理领域中的实体关系抽取、关系推理等。在引文 [1] 中分成 6 个方向：自然语言处理、计算机视觉、自然科学研究、知识图谱、组合优化、图生成，对 GNN 的应用做出了较为全面且细致的归纳总结。

纵观 GNN 的各类应用，GNN 表现出了如下 3 个优势：

（1）GNN 具有强大的图数据拟合能力。作为一种建立在图上的端对端学习框架，

GNN 展示出了强大的图数据拟合能力。图数据是科学与工程学领域中一种十分常见的数据研究对象，因此，GNN 也被应用到了很多相关场景下，并且都取得了不错的效果。通常这些应用均会利用 GNN 去拟合研究对象的一些理化性质，从而指导或加速相应的科研与开发工作。比如引文 [2] 利用 GNN 去拟合两图中节点对的组合性质，从而提升蛋白质相互作用点预测的精度，而蛋白质相互作用点预测是药物分子发现与设计工作的重要构成部分；引文 [3] 将高频电路抽象成图数据，利用 GNN 去拟合其电磁学性质，相较于严格的电磁学仿真计算，该方法能极大地加速高频电路（比如 5G 芯片）的设计工作。

（2）GNN 具有强大的推理能力。计算机要完成推理任务，离不开对语义实体的识别以及实体之间关系的抽取，GNN 理所当然地被应用到了很多推理任务的场景中去。相较于之前大多基于关系三元组的建模方式，GNN 能够对表征语义关系的网络进行整体性的建模，习得更加复杂与丰富的语义信息，这对提升推理任务的效果大有裨益。深度学习经过近几年的发展，在许多识别相关的任务上都取得了前所未有的成果，基于此，需要更深程度地理解数据的推理任务被提出，比如计算机视觉中的视觉问答（Visual Question Answering）、视觉推理（Visual Reasoning），自然语言处理中的多跳推理（Multi-hop Reasoning）等。随着 GNN 的流行，很多工作也尝试将 GNN 以一种端对端的形式嵌入到学习系统中去，以提升相关任务的效果。我们举两个例子来说明：一是在基于事实的视觉问答（Fact-based Visual Question Answering）中，问题中不再直接包含答案内容，需要学习系统经过推理将问题中的事实关系正确映射到答案中的实体上。在引文 [4] 中通过引入 GCN 同时建模多条事实来提高对答案推理的正确性，这一方法在相关数据集上取得了极大的效果提升。二是多跳推理，相比于之前的阅读理解任务，多跳推理需要跨越多个段落甚至多个文档来寻找实体之间的多跳关系，这是一个更加开放、更加复杂的推理任务。在引文 [5] 中通过嵌入 GNN，构造了一个抽取加推理的双线学习框架，使得学习系统在可解释性提升的同时也在相关数据集上获得了极大的效果提升。

（3）GNN 与知识图谱结合，可以将先验知识以端对端的形式高效地嵌入到学习系统中去。人类在学习后习得的知识，会被大脑神经系统进行系统的加工并存储起来，作为之后相关活动发生时的一种先验知识高效地提升人类的应对表现，并且往往知识之间会产生各种关联，形成"知识地图"。这种机制对应着数据科学领域中一些技术如知识图谱的广泛应用。从数据建模的层面来看，这些知识（或者规则、经验、常识、事实等）为模型提供了额外的相关信息，可以有效提升学习系统的效果。作为一种端对端的图数据学习模型，GNN 结合知识图谱，可以将先验知识高效地嵌入到任意一种学习系统中去，从而提升任务效果。比如引文 [6] 在零样本学习任务中利用 GCN 对词汇网络（WordNet）进行建模，实现了类别之间的语义关系到其视觉表示上的迁移，从而大大提升视觉模型在一些完全不提供训练样本的类别上的分类准确率。引文 [7] 通过补充额外的知识图谱信息，将知识图谱与用户 – 商品二部图构成一种合成的图结构，然后利用 GNN 进行推荐任务建模，同时增强了推荐系统的准确率、多样性与可解释性。

　　总的来说，正是由于 GNN 强大而灵活的特性，使得其不管是在图数据本身的学习任务上，还是被以端对端的形式融合到其他的学习任务中，都能表现出自己独特的优势。当然，上面一以概之的优势需要与实际场景进行深度耦合，在具体的应用中寻找精确的定位，只有这样才能在相关场景中获得最优的效果。

10.2　GNN 的应用案例

　　本节将从 3D 视觉、基于社交网络的推荐系统、视觉推理 3 个方面介绍 GNN 的应用案例，希望借由这 3 个应用场景能够为大家深入而具体地展示 GNN 的技术特点及优势。

10.2.1　3D 视觉

　　继卷积神经网络在 2D 视觉上获得前所未有的成功之后，近几年，如何让计算机理解 3D 世界，特别是如何延续深度学习技术在 3D 视觉问题上的表现受到了越来越多的研究人员的关注。3D 视觉数据的表示方式有多种，如点云（Point Cloud）、网格（Mesh）等。每种类型的数据都有其自身的结构特性，这些结构特性给深度模型的架构

　　设计带来了挑战。本节我们来介绍其中最具代表性的点云数据的学习。点云数据是一种有效的三维物体的表示方法，它随着深度感知技术，比如微软的 Kinect 以及激光探测与测量技术的发展而流行起来。点云数据由一组点组成，每个点都记录有三维坐标 (x, y, z)，除此之外，还可以记录采集点的颜色、强度等其他丰富的信息，因此，高精度的点云数据可以很好地还原现实世界，被广泛应用于无人驾驶、体感游戏、文化数字遗产保护、医疗、城市规划、农林业等各个领域。

　　对点云数据的理解包含几个关键步骤，即点云分类、点云语义分割、点云场景分析。点云分类很好理解，即给定一组点云，计算机需要识别这组点云到底描绘的是什么物体，是台灯、桌子还是椅子？点云语义分割就要求理得解更细致，比如桌子由哪些部分构成，如何分割出桌面、桌腿等，如图 10-1 所示。点云场景分析需要更进一步的学习和分析，给定一个场景，比如某个房间内的点云数据，如何自动识别或匹配出墙面、灯、桌子、椅子、窗户等不同物体，甚至进一步通过这些物体摆放的空间位置，推断出这个房间到底是办公室还是教室。

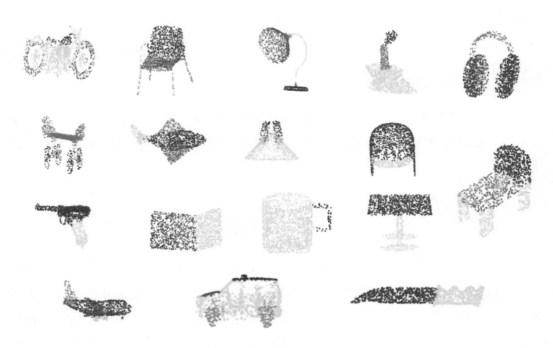

图 10-1　点云分割示意图 [8]

点云数据同图数据一样，是一种非规则结构的数据，点与点之间的排列也没有顺序，这导致在视觉领域取得巨大成功的卷积网络无法直接复制到点云数据的处理中来，不过与图数据的相似性也启发了 GNN 模型在其中的应用。

在 GNN 被应用到点云数据处理之前，一种解决思路是将点云强制表示为体元（voxel），这样就得到与图像类似的一种三维规则结构，以便进行卷积和池化操作。但这种处理方式会使得数据量剧增，并且会产生很大的数据冗余，计算开销非常大。另一种解决思路是将点云转换为多视觉图（Multi-view Images），即一组虚拟的二维快照，生成 RGB 和包含几何特征的合成视图，然后在图像处理完毕后再将其语义分段投影回原始的点云数据[9]。这种方法并不能捕捉 3D 点云的内在结构，因而识别性能有限。实际上，这两种曲线救国的方法都会造成信息的丢失或者数据的冗余，且转换过程复杂度高，对于大规模的点云数据处理和点云理解都无法适应。

图卷积技术的发展极大地推动了点云的处理方法的进步，人们提出了很多基于 GNN 的方法，在点云分类、分割等问题上展现了优异的性能。这里以近年来提出的典型 GNN 模型为例，阐述 GNN 技术在应用于点云这种非结构化数据时的关键步骤。

点云数据中的点是离散存在的，点与点间的距离 d 是确定点彼此之间关系的基础。基于点坐标 (x, y, z) 的欧式空间距离是一种常见的选择；其他非欧式空间的距离选择如测地（geodesic）距离、形状感知距离等，可以很好地处理非刚性特征，也被很多研究者应用，如 Charles R. Qi 等人（2017）提出的 PointNet++ 算法[10]。

有了距离即可确定点与点之间的邻接关系。如何将距离转化成邻接关系，成为运用 GNN 技术的一个关键点。通常我们需要定义邻域，每个点都与其邻域范围内的点相连，而与邻域以外的点无邻接关系。邻域范围可以根据 K 最近邻法（K nearest neighbor）确定，也可以根据球查询（落某半径范围的球状区域内的所有点）确定。值得注意的是，点之间的邻接关系在每一层的图中并不是固定不变的。PointNet++ 算法中采用了每一层固定邻域点进行卷积操作的策略，而在 Edge-Conv 的算法[11]中，每一层中的图都可以动态地调整图中节点之间的邻接关系，K 邻域内的点随着网络的更新发生变化，这样就能自适应地捕捉和更新点云的局部几何特征，在点云分类和分割中取得很好的效果。

邻接关系确定后的另一个关键步骤是基于邻接边的卷积该如何实现。如图 10-2 所示，定义 $e_{ij} = h_\Theta(x_i, x_j)$ 为点 v_i 和点 v_j 间的边，其中 h_Θ 为含有可学习参数 Θ 的非线性函数。

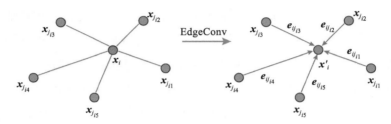

图 10-2   边卷积示意图

以节点 v_i 为中心的卷积计算如式（10.1）所示：

$$x_i^{'} = \underset{x_j \in N(x_i)}{\text{Agg}} h_\Theta(x_i, x_j) \tag{10.1}$$

PointNet++ 和 Atzmon 等（2018）提出的 PCNN 方法 [12] 采用 $h_\Theta(x_i, x_j) = h_\Theta(x_j)$ 的方式，即卷积值通过对邻居进行聚合得到。若以 $\Theta = (\theta_1, \cdots, \theta_m)$ 表示卷积滤波矩阵的权重，以 PCNN 算法为例，卷积的计算式（10.2）所示：

$$x'_{im} = \sum h_{\theta_i}(x_j) g(d(x_i, x_j)) \tag{10.2}$$

其中，g 表示高斯核函数，$d(x_i, x_j)$ 表示点 v_i 和 v_j 之间的距离，与节点的特征相关。而 Edge-Conv 算法中采用的则是非对称方程 $h_\Theta(x_i, x_j) = \bar{h}_\Theta(x_i, x_j - x_i)$。

可以看到点云数据中的卷积定义与 GNN 如出一辙。通常来说，模型的输入是点云数据的三维坐标值（x, y, z），因此输入矩阵是 $N \times 3$，N 表示点云的个数（用户可以根据需要增加其他属性信息）。对于点云分类而言，重点是识别整个数据集属于什么类别，因此输出值是关于类别的标签，属于图层面的输出。假设判定集有 K 个类别，那么输出为 K 维的打分向量。对于点云分割而言，需要知道每个点云属于哪一部分，假设 P 物体子部位的数目，因此模型输出为 $N \times P$ 维的打分矩阵，属于节点层面的输出。点云分类侧重于学习数据集的全局特征，而点云分割除了学习全局特征以外，还需要结合局部几何特征共同得到。因此在分割中，点云网络中局部关系（邻接关系）的定义显得更为重要。我们可以看到，通过不同的卷积策略和模型架构，基于图的深度学习方法为点云这样一种比图像更复杂的数据格式的处理和分析提供了高效的解决方案。

10.2.2　基于社交网络的推荐系统

登录在线社区，如微博、微信、豆瓣、大众点评等网站，已经成为现代人日常生活中重要的一部分。在这些网络平台上用户可以查看或发布资讯、关注好友、评论感兴趣的文章等。为用户推荐其感兴趣的内容，一方面可以增加网站的活跃度，另一方面也可以帮助用户发现其潜在关注信息、增强用户黏度，当然基于用户特征进行广告推荐也是网站重要的盈利方式之一。因此，建立有效的推荐模型对于社交网站的运营和发展十分重要。

有别于其他场景下的推荐应用，在线社区由于存在显式的用户社交网络信息，如何将这部分信息编码进推荐系统是一个十分关键的问题。总的来说，在线社区的推荐系统建模有以下几个难点：其一，用户兴趣有长期兴趣和短期兴趣之分。短期兴趣本身是动态变化的，用户可能前一段时间沉迷于明星的八卦新闻，过一段时间之后可能又对文学或是电影兴趣盎然。其二，用户会受到其在线社交圈中的朋友的影响（为简化表达，这里把用户在社交网络中建立了社交关系（如关注）的人通称为"朋友"）。如果用户 A 的朋友是体育迷，经常发布关于体育赛事、体育明星等的信息，用户 A 很可能也会去了解相关体育主题的资讯。其三，社交网络对用户兴趣的影响并非固定或恒定的，而是根据用户处境（context）动态变化的。举例来说，用户在听音乐时更容易受平时爱好音乐的朋友的影响，在购买电子产品时更容易受电子发烧友朋友的影响。

下面以文献 [13] 提出的 DGR_{EC} 模型为例，阐述其如何融合社交网络信息从而搭建推荐系统。如图 10-3 所示，该方法由 4 个部分构成：

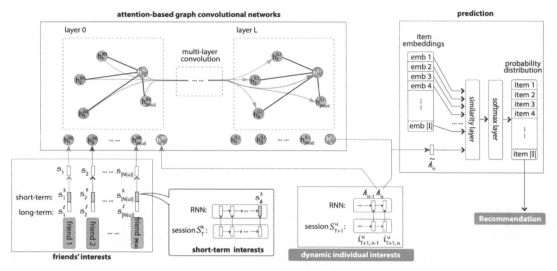

图 10-3 DGR$_{EC}$ 模型 [13]

（1）一个循环神经网络 RNN——用来建模用户的动态兴趣偏好。动态兴趣偏好可以从用户在当前会话（session）中已消费的项目（item）序列中获取。比如，当用户在一次会话中接连购买了靴子、外套等商品，那么明显用户此时的购物偏好为衣物类型，这种动态的兴趣偏好会极大地影响用户下一次的消费行为。

（2）用户朋友的兴趣偏好通过其长期兴趣偏好与短期兴趣偏好组合而成。长期兴趣爱好反映了一个用户稳定的兴趣所在，可以通过对用户进行嵌入方式来表示；短期兴趣爱好则反映了一个用户在近期（一个或多个会话中）的兴趣漂移，可以使用 RNN 建模近期消费的项目序列来表示。

（3）一个图注意力网络 GAT——用来建模用户的动态兴趣偏好与朋友的兴趣偏好的交互模式，这是该方法最为关键的一个部分，自适应地学习出了社交网络对用户消费行为的影响的表示向量。上面提到过，用户实际的消费行为不仅受到朋友的影响，还依据用户处境受到不同朋友不同权重的影响。因此，使用一个基于注意力机制的 GAT 模型，可以很好地捕捉上述两层影响因素，对社交网络信息做到一种自适应的刻画。

（4）用户下一步的消费行为由用户动态兴趣偏好与社交网络影响两部分信息综合决定。通过对（1）、（3）两个部分的输出进行组合从而得到用户的表示，然后和其他的推荐方法一样，由用户 – 项目对的信息进行 DGR$_{EC}$ 模型的端对端训练。在本文的实验部分，作者将 DGR$_{EC}$ 模型在豆瓣[⊖]、Delicious [◎]、Yelp [⊜]等网络平台的数据集上进行实验，均取得了当下最好效果。同时作者也设计实验证明了 GAT 对于效果提升的必要性。

值得一提的是，有研究者指出，不仅用户之间的关系在推荐效果中起着较大作用，被推荐项目之间的关系同样有影响。例如，外套和鞋子之间的关系就比外套和花盆之间的关系更强，这种项目之间的内在关系也对用户消费行为的推荐起作用。基于此，文献 [14] 提出用双图注意力网络模型来同时建模用户与用户、项目与项目之间的双重网络效应，以此捕捉更加全面的关系信息从而提升推荐系统的效果。

10.2.3　视觉推理

推理是人类具有的高阶能力，是人类智能中很重要的部分，如何让计算机拥有推理能力是人工智能领域的一项重要课题。

以视觉领域为例，尽管卷积神经网络等模型取得了极大的成功，但是仍不具备复杂推理的能力，比如图 10-4 中，需要判断蓝色方框的目标是什么，人类在看到这幅图像的时候，根据图中的棒球棒、人物的姿态，首先会得出这张图在描述打棒球的结论，然后以此为依据，对于蓝色的目标区域，根据这个人的姿势和手部姿态判断出他是处于接棒球的状态，因此可以推断出蓝色区域为棒球手套。而使用基于卷积网络的方法进行识别，除了在更大的感知野内获得的层次化特征之外，无法通过图像的语义信息来准确推理出蓝色区域的目标。

文献 [15] 为了解决上述局限，提出了一个融合了空间信息和语义信息的迭代式视觉推理系统。整个系统有两个核心模块，一个是在卷积网络的基础上引入了记忆机制的局部推理模块；另一个是融合了空间和语义信息的全局推理模块。整体的推理框架如图 10-5 所示。

⊖　https://www.douban.com/。

◎　https://grouplens.org/datasets/hetrec-2011/。

⊜　https://www.yelp.com/dataset。

图 10-4　蓝色框内的目标是什么？ ⊖

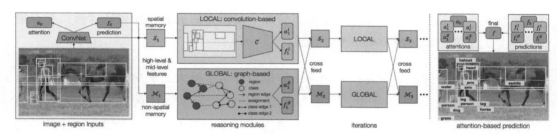

图 10-5　推理框架结构图 [15]

　　局部推理模块以记忆模块 S 作为输入进行预测，其中记忆模块 S 用来存储通过卷积网络提取的目标区域的位置特征和图像特征。

　　全局推理模块主要基于空间特征和语义特征进行推理。空间指的是建立位置上不相邻区域的联系；语义指的是利用外部的知识库建立类别与类别之间的联系。为了综合利用这两个方面的信息，采用 GNN 作为推理模块。图的构成使用了两种类型的节点，一个是由所有的区域组成的区域节点；另一种是以所有区域对应的实体作为节点。节点与节点之间的边通过如下 3 种关系建立，第一种是区域与区域之间通过它们的距离关系进行关联，边的权重由像素距离的核函数归一化值决定；另外对于有重叠的区

　　⊖　图片来源：https://es.calcuworld.com/cuantos/cuanto-dura-un-partido-de-beisbol/。

域，通过 IoU 值建立它们之间的关系。第二种是区域与实体之间的关系，根据对区域预测的概率分布（softmax 输出），建立与实体之间的关系，边的权重为对应的概率值。第三种是实体与实体之间的关系，这个关系来自外部的知识图谱，可以将多种实体关系考虑进来，比如类别从属关系、部件从属关系（腿和椅子）、单复数关系、水平对称关系等。

以上面构建的图为基础，使用 GNN 来进行推理，区域节点的特征来自卷积网络，实体节点的特征来自预训练的词向量。GNN 推理是为了融合空间信息和语义信息对区域进行推理，因此使用了两条推理路径。一条是区域—区域，它聚合多个区域的特征以得到空间特征；另一条是区域—实体—实体，它分为两步，先将区域的特征聚合到实体节点并与实体节点特征融合，然后对不同类型的实体关系进行聚合得到实体的特征，这对应着语义关系。为了得到区域的最终特征，通过实体—区域的关系，将实体携带的语义特征聚合到区域节点上，并与第一条推理路径中得到的空间特征进行融合。整个过程如图 10-6 所示。

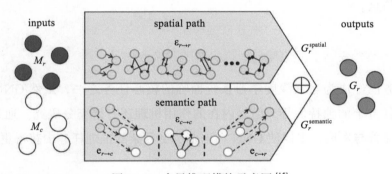

图 10-6　全局推理模块示意图 [15]

推理通常不是一步到位的，而是迭代式的。为了将前一轮的信息传递到后一轮，可以使用记忆模块，局部推理和全局推理使用不同的记忆模块 S 和 M，每次迭代得到的输出用于更新记忆模块。另外，模型还引入了注意力机制，以便融合当前预测值与来自其他迭代过程产生的预测值。模型在不同的训练数据集上进行试验，将识别效果对比卷积神经网络提升了 3.7% ~ 8.4%。

10.3　GNN 的未来展望

作为一种新兴的神经网络技术，GNN 的快速发展离不开近些年深度学习在各方面的重要积淀。而与 GNN 的结合，可以助力深度学习系统拓展其在更广领域、更多层面的场景任务中获得成功。我们非常确信在未来几年，GNN 会在越来越多的场景下得到应用。

接下来，我们从 3 个方面总结对 GNN 的未来研究的展望。当然以下观点仅供参考，读者朋友也应有自己的思考。

1. 充分适应复杂多变的图数据

一方面，图数据的类型极其繁杂，如关系经常发生变化的动态图、一条边连接两个以上节点的超图，这些图数据的结构更加复杂，需要 GNN 进行针对性的设计。另一方面，GNN 针对异构图与属性图还需要进行更充分的研究与设计，以学习其中丰富多样的语义信息。

2. 在更多推理任务上的应用与学习机制的研究改进

推理任务已经成为当下深度学习系统面临的核心任务之一，虽然 GNN 已经展现出了在相关任务上的独特优势，但是内在的作用机理还有待充分研究。通过对其学习机制的不断完善与发展，来促使 GNN 在更多、更复杂的推理任务中获得更好的表现。

3. 对超大规模图建模的支持

现有的大多数图神经网络都无法扩展到规模巨大的图数据中去。GNN 的训练是一种协同的学习方式，在一次迭代中，节点固有的上下文会导致其状态的更新需要涉及大量邻居节点的隐藏状态，复杂度极高，难以应用小批量训练方式提升计算效率。尽管已有研究提出基于抽样与分区的手段来解决这类问题，但这些手段仍不足以扩展到工业级超大规模属性图的学习中去。

10.4　参考文献

[1]　Zhou J, Cui G, Zhang Z, et al. Graph neural networks: A review of methods and applications[J]. arXiv preprint arXiv:1812.08434, 2018.

[2]　Fout A, Byrd J, Shariat B, et al. Protein interface prediction using graph convolutional networks[C]//Advances in Neural Information Processing Systems. 2017: 6530-6539.

[3]　Zhang G, He H, Katabi D. Circuit-GNN: Graph Neural Networks for Distributed Circuit Design[C]//International Conference on Machine Learning. 2019: 7364-7373.

[4]　Narasimhan M, Lazebnik S, Schwing A. Out of the box: Reasoning with graph convolution nets for factual visual question answering[C]//Advances in Neural Information Processing Systems. 2018: 2654-2665.

[5]　Ding M, Zhou C, Chen Q, et al. Cognitive Graph for Multi-Hop Reading Comprehension at Scale[J]. arXiv preprint arXiv:1905.05460, 2019.

[6]　Wang X, Ye Y, Gupta A. Zero-shot recognition via semantic embeddings and knowledge graphs[C]//Proceedings of the IEEE Conference on Computer Vision and Pattern Recognition. 2018: 6857-6866.

[7]　Wang H, Zhao M, Xie X, et al. Knowledge graph convolutional networks for recommender systems[C]//The World Wide Web Conference. ACM, 2019: 3307-3313.

[8]　Te G, Hu W, Zheng A, et al. Rgcnn: Regularized graph cnn for point cloud segmentation[C]//2018 ACM Multimedia Conference on Multimedia Conference. ACM, 2018: 746-754.

[9]　Boulch A, Le Saux B, Audebert N. Unstructured Point Cloud Semantic Labeling Using Deep Segmentation Networks[J]. 3DOR, 2017, 2: 7.

[10]　Qi C R, Yi L, Su H, et al. Pointnet++: Deep hierarchical feature learning on point sets in a metric space[C]//Advances in neural information processing systems.

2017: 5099-5108.

[11]　Wang Y, Sun Y, Liu Z, et al. Dynamic graph cnn for learning on point clouds[J]. arXiv preprint arXiv:1801.07829, 2018.

[12]　Atzmon M, Maron H, Lipman Y. Point convolutional neural networks by extension operators[J]. arXiv preprint arXiv:1803.10091, 2018.

[13]　Song W, Xiao Z, Wang Y, et al. Session-based social recommendation via dynamic graph attention networks[C]//Proceedings of the Twelfth ACM International Conference on Web Search and Data Mining. ACM, 2019: 555-563.

[14]　Wu Q, Zhang H, Gao X, et al. Dual Graph Attention Networks for Deep Latent Representation of Multifaceted Social Effects in Recommender Systems[C]//The World Wide Web Conference. ACM, 2019: 2091-2102.

[15]　Chen X, Li L J, Fei-Fei L, et al. Iterative visual reasoning beyond convolutions[C]// Proceedings of the IEEE Conference on Computer Vision and Pattern Recognition. 2018: 7239-7248.

附录 A

符号声明

1	R	实数集
2	X	大写字母表示矩阵或张量
3	$X_{i,:}, X_{:,j}$	分别表示矩阵 X 的第 i 个行向量和第 j 个列向量
4	$X_{ij}, X[i,j]$	X 在第 i 行，第 j 列的值
5	$\boldsymbol{x}$	小写黑体表示向量
6	$G = (V, E)$	G 表示图，V 表示顶点集合，E 表示边集合
7	v_i, e_{ij}	分别表示第 i 个节点以及 v_i 与 v_j 之间的边
8	$N(v_i)$	节点 v_i 的邻居节点的集合
9	L	拉普拉斯矩阵
10	A	邻接矩阵
11	D	度矩阵
12	Λ	对角矩阵，非对角处值全为 0
13	I	单位矩阵，也是对角矩阵，对角处值全为 1
14	$\tilde{A}$	带自连接的邻接矩阵，即 $\tilde{A} = A + I$，$\tilde{L}$ 同理
15	$\tilde{L}_{\text{sym}}$	归一化后的拉普拉斯矩阵，即 $\tilde{L}_{\text{sym}} = \tilde{D}^{-1/2} \tilde{A} \tilde{D}^{-1/2}$

推荐阅读

推荐阅读